生命はいつ、どこで、どのように生まれたのか

山岸明彦

知のトレッキング叢書
集英社インターナショナル

生命はいつ、どこで、どのように生まれたのか

目次

編集協力　荒船良孝
キャラクター（トレっくま）イラスト　フジモトマサル
カバーイラスト　中川紀子
図版作成　タナカデザイン
装丁・デザイン　立花久人・福永圭子（デザイントリム）

はじめに――宇宙と生命を考える意義

本書のテーマである「宇宙生物学（アストロバイオロジー）」とは、単に地球外生命を探すための研究ではありません。生物学をはじめ、天文学、地質学、惑星科学などの知識を用いることで、地球生命の起源や進化についての謎――つまり「生命とは何か」を明らかにすることを目的とした学問なのです。

地球は、今からおよそ四六億年前に誕生したといわれています。その地球に最初の生命が生まれたのはいつだったのか――時期はまだはっきりとはしていませんが、約三八億年前の地層から、その痕跡と思われる化石が発見されています。

地球の生命については、これまでもたくさんの人たちが研究を行い、いろいろな事実が明らかになってきました。例えば、生命は「設計図」の役割を果たす「ＤＮＡ（デオキシリボ核酸）」を持っているということもその一つです。生物が持つ形や性質などが親から子、子から孫へと受け継がれていく現象を「遺伝」といいます。この遺伝形質を支配する因子は「遺伝子」と呼ばれていて、その遺伝子の本体がＤＮＡなのです。

また、さまざまな生物の遺伝子を比べることで、生物の進化の過程がさらに詳しく理解できるようになりました。そして、遺伝子を解析していった結果、「地球生命の『共通の祖先』ともいうべき存在があるのではないか」ということも、現在ではわかっています。

このように、私たち人類は生命に関するさまざまな謎を解明してきました。しかし、いまだにわからないことも数多く存在します。その最たるものが、「生命はいつ、どこで、どのように誕生したのか」、そして「生命は、いったいどこへ向かうのか」ということです。本書では、このような「生命の本質」を、地球だけではなく宇宙まで含めた研究を通じて、解説していこうと思います。

まず、第一章では、スウェーデンの物理化学者スヴァンテ・アレニウスが提唱したパンスペルミア仮説を紹介し、宇宙空間に生物が存在する可能性を探っていきます。パンスペルミア仮説は、提唱者のアレニウス自身も「証明することは難しい」と考えていました。しかし、科学技術が発達し、実験によってその証拠をつかめるかもしれないところまで、人類はたどり着いたのです。

その一つが、国際宇宙ステーション（ＩＳＳ）の「きぼう」日本実験棟で実施している「たんぽぽ計画」です。このたんぽぽ計画では、「きぼう」日本実験棟の船外実験プラットフォームに捕集装置を設置し、宇宙に漂う微生物を捕まえようとしています。私は代表者として、この計画の準備を進めてきました。この「日本初のアストロバイオロジー宇宙実験によって、生命の何がわかるのか」を、第一章で詳しくお話ししていきます。

第二章では、地球の隣に位置する火星の生命探査を扱います。太陽系の天体の中で、探査が最も進んでいるのが火星です。火星は単に地球に一番近いというだけではなく、「生命が生存するための条件を満たしている天体」だということが、現在ではわかってきました。そのことに関する最新の研究を、第二章で解説していきます。

そして、第三章から第五章までは「地球の生命」についてのお話をしていきます。現在、地球上の生物は確認されているだけでも、一九〇万種以上いるといわれています。そのたくさんの生物を、生物学者は細かく分類していくことで理解しようとしてきました。そして、生物を分類することは、生物の進化について考えることにも、実はつながっているのです。第三章はこの生物の分類を中心に話を進めてきます。

第四章では、「地球生物はどのように誕生したのか」という謎に迫っていきます。地球生物については、いまだにたくさんの謎がありますが、「生命の起源」はその中でも最たるものといえるでしょう。その最大の謎を、最新の研究成果をもとに解説します。

第五章は、ＤＮＡとＲＮＡ（リボ核酸）、タンパク質についてです。地球に存在する生

「たんぽぽ計画」の実験が行われている、国際宇宙ステーション（ISS）。

物のほとんどは、共通のシステムを持っています。そのシステムとは、「生命の設計図である遺伝情報をDNAに記録し、その情報をRNAが写し取り、タンパク質を合成する」というものです。この仕組みは「セントラルドグマ」と呼ばれています。第五章では「地球生命は、このセントラルドグマをどのように獲得していったのか」について、考えていきましょう。

そして第六章では、太陽系内で生命の存在が期待される天体について語っていきます。火星よりもさらに遠い天体に、果たして生命は存在できるのでしょうか。生命が存在するための条件を含め、太陽系内の地球外生命探査の現状や今後の展望について解説していきます。

第七章では、さらに遠く離れた天体に目を向けていきます。この広大な宇宙の中で、地球以外の惑星に生命が存在する可能性はあるのでしょうか。この章では、「太陽系外の生命の存在を、どのように探査していくのか」を扱っていきます。

私たちが宇宙生命を探すのは、もちろん「地球外の仲間の存在を確認したい」という目的もありますが、それだけを意図しているわけではありません。地球外の生命を知ることで、「生命とは何か」について、より深く理解できると考えているからなのです。

私たちは膨大な数の生物と同じ地球上で暮らしているのに、生命の本質的な部分をまだ理解できていません。けれど、もし地球外に生息する生命を発見することができれば、「地球の生命に共通する特徴は、果たして生命にとって本質的なものなのか、それとも地球固有なものなのか」について考える手がかりになるのです。

宇宙に存在するかもしれない生命から、地球の生命について研究する――この「アストロバイオロジー」のことを、本書では詳しく解説していきます。しばらくの時間、宇宙と生命について一緒に考えていきましょう。

第一章

宇宙に漂う「生命の種」を捕まえる

宇宙生物学とは何か

「宇宙生物学」とは、アメリカ航空宇宙局（NASA）が考案した「アストロバイオロジー」という造語を日本語に翻訳したものです。NASAの定義によると、アストロバイオロジーとは「宇宙における生命の起源、進化、分布、および未来を研究する学問」となっています。この定義に当てはめて考えていくと、「宇宙と生命に関係しているものであれば、ほぼすべての学問がアストロバイオロジーに含まれる」といえます。実際、アストロバイオロジー研究には、天文学、惑星科学、地球物理学、地質学、地球化学、生化学、微生物生態学、分子進化学、比較生理学など、さまざまな分野から専門家が集まってきています。

各分野の専門家がそれぞれの視点から、「宇宙と生命について」の研究を進めていますが、現在までのところ地球以外の星で実際に生命の存在が確認できたことはありません。ですが、この宇宙空間を生命が移動することは可能ではないか──私はそれを確かめたく、日本で初めてのアストロバイオロジー宇宙実験である「たんぽぽ計画」を発案しました。

このたんぽぽ計画とは、国際宇宙ステーション（ISS）で宇宙に漂う微生物や有機物を探したり、生物が宇宙空間で生きられるかを調べたりする実験です。このような話をすると、「SF映画の中で行われているような研究で、現実的ではない」と思う人もいるかもしれません。なぜなら私たちは、「宇宙にはほとんど空気がないうえに放射線も飛び交っており、生物が生息するには困難な状況である」ことを知っているからです。

しかし、この地球上でも摂氏一〇〇度以上の高温や超高圧、または強酸性溶液の中など、人間の感覚ではとても生きていられないと思うような環境で活動している微生物がたくさんいます。中にはクマムシやネムリユスリカのように、宇宙空間に晒されながらも生き延びることができる生物も存在するのです。

有害な電磁波が存在するような過酷な宇宙空間を、生物は漂うことができる——このような考えが生まれたのは最近のことではありません。今から一〇〇年ほど前、スウェーデンの物理化学者スヴァンテ・アレニウス（一八五九〜一九二七年）によって、すでに提唱されているのです。

アレニウスは物理化学の創始者の一人で、一九〇三年にはノーベル化学賞を受賞しています。彼は、晩年になると生物の研究を始め、「地球上の最初の生命は、宇宙からもたらされた」という「パンスペルミア（胚種広布）仮説」を発表します。パンスペルミアというのは、ギリシャ語の「pan（汎）」と「spermia（生命の種）」という意味の二つの言葉を組み合わせた造語です。アレニウスは、「地球生命の種となるものが、宇宙空間を漂っているのではないか」と考え、「地球の生命は、その宇宙からやってきた可能性がある」と主張しました。

この仮説では生命が宇宙のどこで、どのように誕生したのかということについては触れられていません。なぜアレニウスは、生命の誕生について触れなかったのか――それについては、当時の宇宙観が影響しています。アレニウスの時代は、宇宙には始まりも終わりもなく、永遠に同じ状態であり続けるという「静的な宇宙」が信じられていました。そのため、アレニウス自身も「生命は永遠であり、宇宙に偏在する」と考えていたのです。

証明が難しいパンスペルミア仮説

パンスペルミア仮説の中核をなす考えは、「生命の惑星間移動」です。それを証明するには、微生物が高層大気や宇宙空間にも存在することを示さなければなりません。ですが、アレニウスの時代には、高層の大気中に存在する微生物を採取する手段がありませんでした。そのため、パンスペルミア仮説の証拠を見つけることについては、アレニウス自身とても悲観的でした。そのことは、「パンスペルミアでもたらされる『生命の種子』は非常に数少なくかつ小さいので、われわれがパンスペルミア仮説の妥当性を実証するのは難しい」と著書に記していることからも明らかです。

このような事情もあり、パンスペルミア仮説は長い間、人々から忘れ去られていました。しかし、時代が進むと、気球や航空機、気象観測ロケットなど高層での探査技術が発達してきました。すると、地上から数十キロメートル上空までの間に漂う微生物を、何種類も捕らえられるようになってきたのです。

これらの観測結果から、「地球大気の高層部分という過酷な状況下であっても、微生物は生存できる」ということがわかりました。

実際、私たちも飛行機や気球を使って、成層圏での微生物捕集実験に取り組みました。そして、五種類以上の微生物を採取することに成功しています。

その採取した微生物の遺伝子を解析してみると、真正細菌の仲間であることがわかりました（真正細菌については第三章で解説しま

スウェーデンの物理化学者
スヴァンテ・アレニウス。
電解質の理論に関する業績により、
1903年にノーベル化学賞を受賞。

大気球を用いた「微生物捕集実験」の様子。

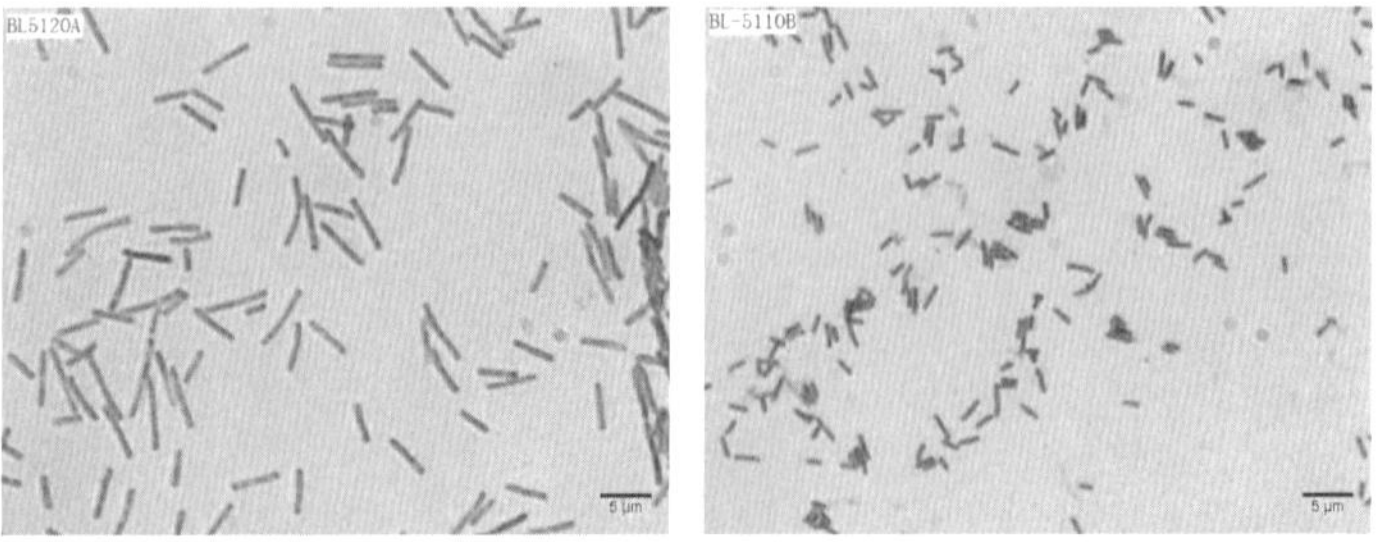

気球で捕集された菌。「BL5110B」(右)と「BL5120A」(左)。

す）。これらのうちのいくつかの微生物は放射線耐性を持っている微生物と同じグループに属していました。地球大気の上層部分は、紫外線がとても強い場所です。私たちが採取した微生物は、もしかしたら紫外線から身を守るために、放射線耐性菌と同じように進化してきたのかもしれません。

地球からの脱出法

微生物が宇宙空間を移動できるとしても、まだ解決しなければならない問題が残っています。それは「どうすれば惑星から惑星へと移動できるのか」という問題です。微生物が宇宙空間へ飛び出すための移動手段は、アレニウスの時代から一〇〇年以上経った現在でも、はっきりとはしていません。アレニウス自身パンスペルミア仮説の中で、生物の星間移動について、さまざまな可能性を検討していました。例えば、台風や火山の爆発などによって、空気の流れができれば、微生物は大気の高層まで上がることができます。しかし、基本的には上空一〇キロメートルほどの対流圏止まりです。雷雲の中で発生する電場を利用しても、やはり対流圏の外に出ることはできません。アレニウス自身、「空気の流れでは、微生物が宇宙空間に脱出するのは難しい」と述べています。

台風や火山の爆発以外の自然現象としては、隕石の衝突が挙げられます。しかし、微生物が宇宙空間に飛び出すことができるような大きな隕石の衝突は、そうそう頻繁に発生するものではありません。このように、大気圏を離れて宇宙に飛び出す過程が、生物の惑星間移動の最も困難な問題点となってくるのです。

大気圏から宇宙空間に出てしまえば、地球の周りには磁場がつくられていたり、太陽からプラズマ状態の荷電粒子が大量にやってきたりしているので、電磁場を利用して地球の重力圏から脱出することも可能でしょう。

微生物が宇宙空間に放出される原動力として最近注目されているのが、「ブルージェット」「スプライト」「エルブス」といった高々度放電発光現象です。これらは、上空五〇〜九〇キロメートルほどの中間圏や熱圏でたくさん発見されています。このような現象が存在するということは、この付近に電場があるということを意味しているのです。

空間中を漂う塵（ちり）などは電荷を帯びることがあるので、そのような電場をうまく利用すれば、微生物が宇宙空間へ放出されるのではないかと考えられます。しかも、ブルージェットなどの電離現象は、発生頻度が雷と同じくらい高く、微生物を宇宙空間にまで運ぶだけの力を持っているのです。

微生物密度の高度依存性

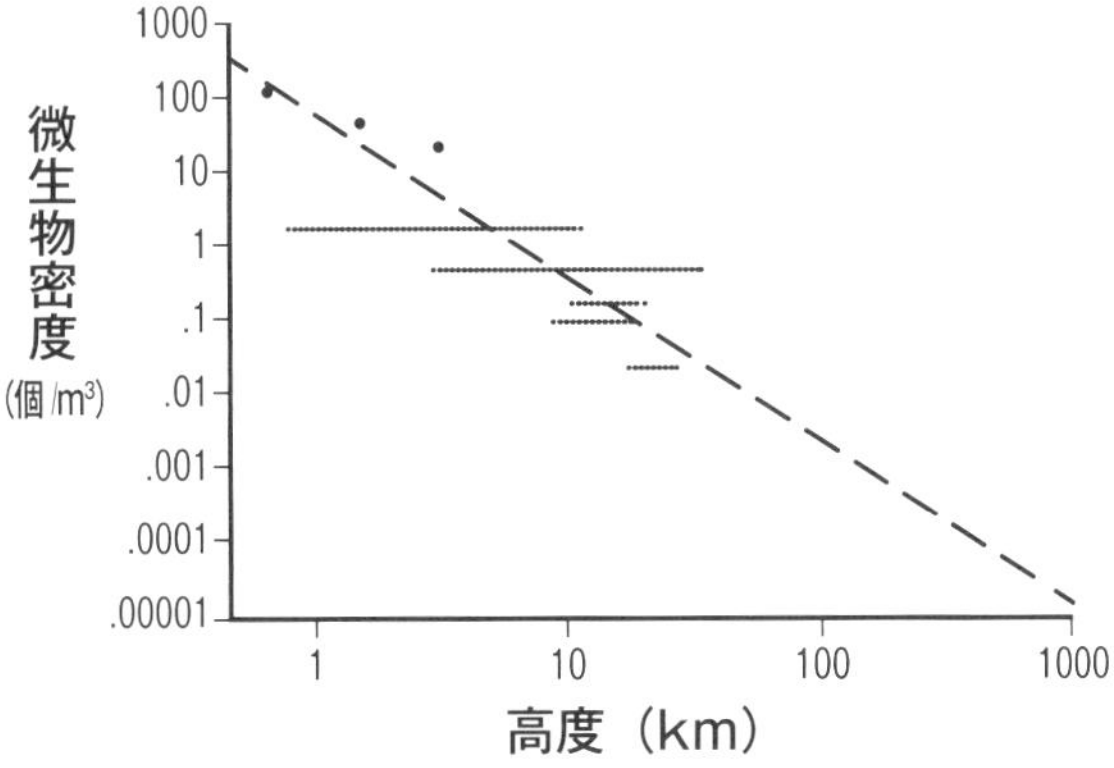

微生物密度＝40/（高度）²

さらに高々度でも微生物が存在する可能性がある。

地球大気の上層部で微生物を採取する実験は、私たちのも含めてこれまでも何度か行われてきました。これらの結果をまとめると上の図のようになります。結果を並べてみると、微生物の密度は高度の二乗に反比例していることがわかります。高度が上がるにつれ、微生物が存在する密度は低くなっていきますが、ゼロになることはありませんでした。従って、もっと高度を上げた宇宙空間でも、微生物が存在する可能性は少なくないのです。もちろん、このような実験はサンプル数が少なく、限られた範囲でしか行われていないので、推測の域を超えていません。しかし、「宇宙空間に生命が存在していても、おかしくはない」ことの、根拠の一つになるのではないでしょうか。

宇宙生物を探すたんぽぽ計画

アレニウスから始まったパンスペルミア仮説を証明するには、どうすればいいのか——最もわかりやすい方法は、実際に宇宙空間で微生物を捕まえてしまうことです。現在、人類はＩＳＳという巨大施設を宇宙空間で運用していますので、これを利用しない手はありません。こうして、宇宙を漂っている有機物や微生物をＩＳＳで捕まえることを目的とした実験、「たんぽぽ計画」がスタートしたのです。「宇宙に生命の種が漂っている」というパンスペルミア仮説が、「タンポポが綿毛で種子を飛ばす」イメージと重なることから、たんぽぽ計画と名づけました。

たんぽぽ計画は二〇〇六年に立ち上げたもので、主要なメンバーだけでも五〇名ほどいる大がかりなプロジェクトです。二〇一五年四月に実験装置をＩＳＳに運び込むことができ、一〇年越しでやっと実験をスタートすることができました。ＩＳＳの「きぼう」日本実験棟には、宇宙空間に露出した船外実験プラットフォームがあり、二〇一五年五月から、そこに捕集装置を設置して、宇宙に漂っている微生物を捕まえる実験を行っています。

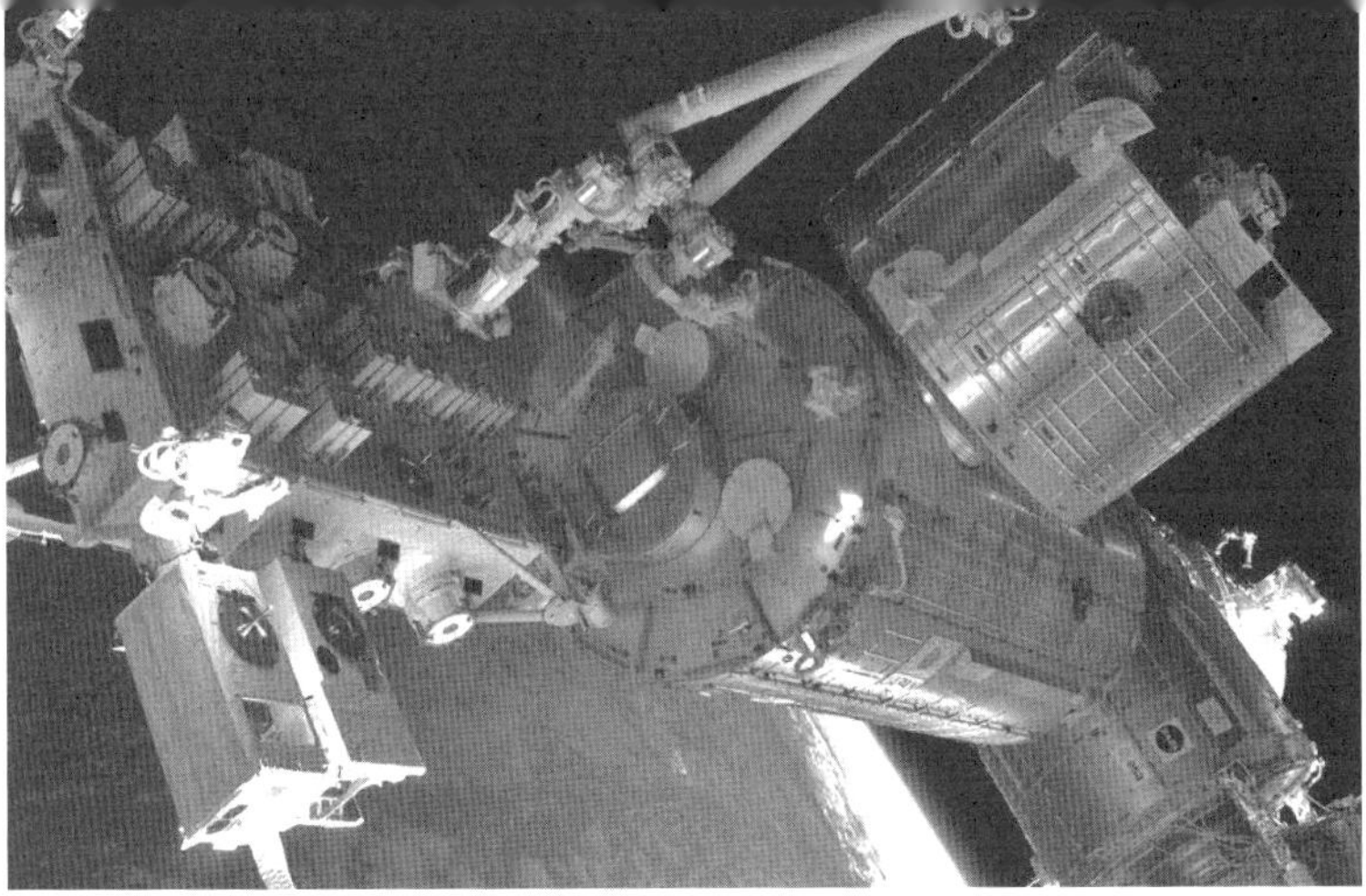

実験装置が取り付けられる「きぼう」日本実験棟。 © 宇宙航空研究開発機構(JAXA)

実験では捕集装置を簡易曝露実験装置「ExHAM(エックスハム)」に取り付け、その「ExHAM」を船外実験プラットフォームに設置し、宇宙空間に曝露しています。この捕集装置を取り外して、一年後、二年後、三年後と三回に分けて地球に持ち帰り、分析をしていく予定です。

たんぽぽ計画の目標

たんぽぽ計画にはいくつかの目標が設定されています。もちろん最大の目標は、宇宙空間で微生物を捕集することです。

ＩＳＳが飛行しているのは、地上から四〇〇キロメートル離れた上空です。地球に暮らす私たちにとっては、四〇〇キロメートルも上がればそこはすでに宇宙だと思えるかもしれません。しかし、地球の大きさを

「桃」だとすると、四〇〇キロメートル上空は桃の皮の表面から三ミリ程度しか離れていない――つまりISSのある場所は、宇宙から見れば「ほぼ地球」といってもいいくらいの距離でしかないのです。

人類はロケットを利用して、人工衛星や探査機を七〇〇〇機以上も宇宙に飛ばしてきました。ひょっとしたら、人類が打ち上げたロケットによって宇宙空間に運ばれた微生物を捕まえてしまう可能性も高いでしょう。困難な問題が山積みですが、とにかくチャレンジしてみようと思います。

二つ目の目標は「地球の微生物を宇宙空間に持ち込んで、どのくらい生存することができるのか」を調べることです。これも簡易曝露実験装置「ExHAM」を使って微生物試料を宇宙空間に晒して様子を調べます。ExHAMは、実験装置を過酷な宇宙環境に直接晒すことができますので、先進的な材料開発への貢献も期待されています。

そして三つ目は、地球の有機物の起源を調べることです。地球の歴史を振り返ってみると、約三八億年前には生命が誕生していたことが、現在ではわかっています。ただ、この生命が誕生したときに使われた有機物がいったいどこから来たのかというのは、いまだ謎のままなのです。いったん誕生してしまえば、生命は有機物を自分でつくり始めます。し

「たんぽぽ計画」とは

国際宇宙ステーション（ISS）の「きぼう」日本実験棟で行われている「アストロバイオロジー」実験。

実験の主な目的

1:宇宙空間を漂う微粒子を捕集し、微生物や有機物の存在を調べる。
2:地球の微生物の曝露実験。
3:地球の有機物の起源を調べる。

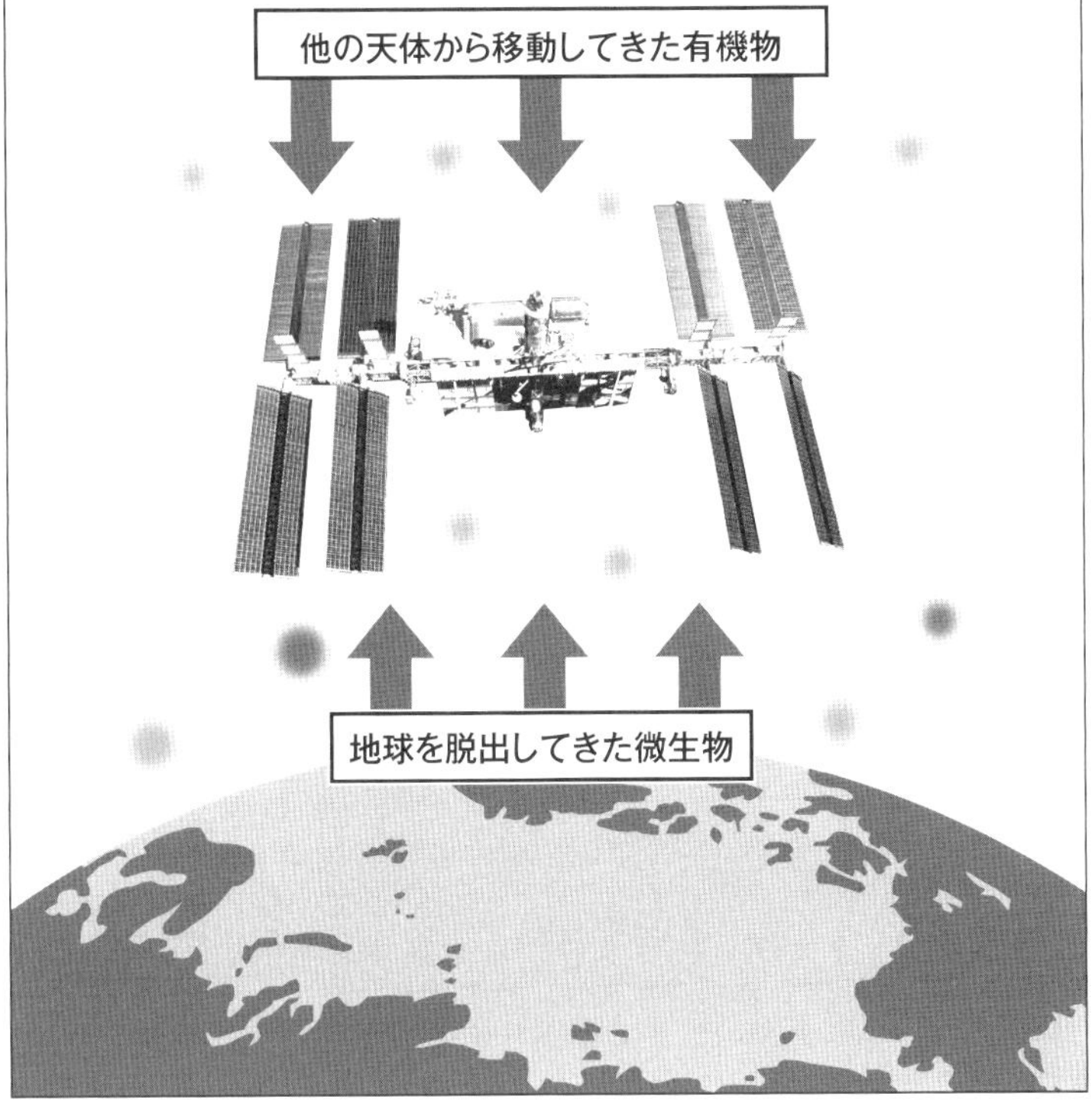

かし、有機物の存在なくして、生命が誕生することはありません。地球の生命をつくった有機物の起源にはいくつかの説が考えられており、そのうちの一つである「宇宙起源説」の真偽を確かめることが、三つ目の目標なのです。

三八億年も前に起こったことをどうやって調べるのか、不思議に思う人もいるでしょう。皆さんは、宇宙から地球にやってくるものの中で、最も量が多いものは何だかご存じでしょうか。それは「ウチュウジン」なのです。「ウチュウジンが大量に地球にやってきている」と言うと、聞いた人はたいてい驚きますが、この場合は「宇宙を漂う塵」の「宇宙塵」です。宇宙塵は一年間に数万トンも地球に降り注いでいます。その中の一パーセントが有機物だとしても、ものすごい量の有機物が地球にやってくることになるのです。

現在、地球の周りを浮遊している有機物は、太陽系ができた当時からすでに存在していたと考えられています。つまり、約四六億年前に地球が形成されたときからすでに存在していた有機物が、巡り巡って現在の地球にやってきているのです。

もちろん宇宙塵は地球上でも見つけることができるのですが、地球にはすでにたくさんの有機物が存在しています。だから地球上で見つけた宇宙塵から有機物が見つかっても、地球にやってきた後で付着したという可能性を排除できません。ＩＳＳの位置は、宇宙から見れば「ほぼ地球」という場所ですが、地球表面に到達する前に有機物を捕まえることができるので、そこで採取した宇宙塵に有機物が含まれているか否かを調べていくことは、「宇宙起源説」を科学的に議論する材料になるのです。

前人未到の計画

このたんぽぽ計画では、宇宙を漂う微生物や有機物を捕まえるのに「エアロゲル」と呼ばれる超低密度のシリカゲル（吸着剤・乾燥剤などにも使われるケイ酸のゲル）を捕集材として使います。この超低密度の捕集材は、たんぽぽ計画のために開発されたものです。エアロゲル一二枚を一年間、ＩＳＳ「きぼう」日本実験棟外に曝露することによって、地球へ飛び込んでくる宇宙塵と地球由来の天然微粒子を捕らえます。たんぽぽ計画という名前をつけて、宇宙に漂っている微生物を捕まえるという説明をしていると、たいていの人は「フワフワと浮いている何か」を捕まえていくイメージが浮かんでくるのではないでしょうか。しかし実際の実験は、そのイメージから大きくかけ離れています。

ＩＳＳは地球から四〇〇キロメートル上空を、秒速七～八キロメートルというものすごいスピードで飛んでいます。そこで微生物や有機物を捕まえるということは、それだけのスピードでやってくるものを受け止めなくてはならないのです。微生物や有機物を壊さずに捕まえるには、捕集材料はやわらかい物質でなくてはなりません。そのため捕集材は、非常に密度の低いエアロゲルを別のエアロゲルで包み込むという二重構造にしました。

このエアロゲルを宇宙で使うのは、もちろん世界で初めてのことです。これが狙いどおりに機能すれば、「実際に微生物や有機物を、壊さず捕まえることは可能である」ことも、同時に確かめられます。

このように、たんぽぽ計画はいくつもの目標を掲げて実験を進めています。ただ、今まで誰もやってこなかったことにチャレンジするわけですから、私たちが思い描いたような結果になるとは限りません。しかし、宇宙に漂う微生物を捕まえることは、宇宙生物学を研究していくうえで避けては通れない課題です。この実験によって、パンスペルミア仮説を考えるうえでの証拠が得られることになるかもしれません。

生命の定義は決まっていない!?

この章の冒頭でもお話ししましたが、宇宙生物学にはさまざまな分野から研究者が集まってきています。宇宙生物学というと、「地球から遠く離れた場所にある惑星などに暮ら

「エアロゲル」を保持した捕集装置を搭載したExHAM。©宇宙航空研究開発機構(JAXA)

エアロゲルの特徴

- 主成分：シリカ（SiO_2）
- 超低密度で衝突時の抵抗が少ない
- 抵抗が少ないので、衝突物の損傷を防ぐことが可能

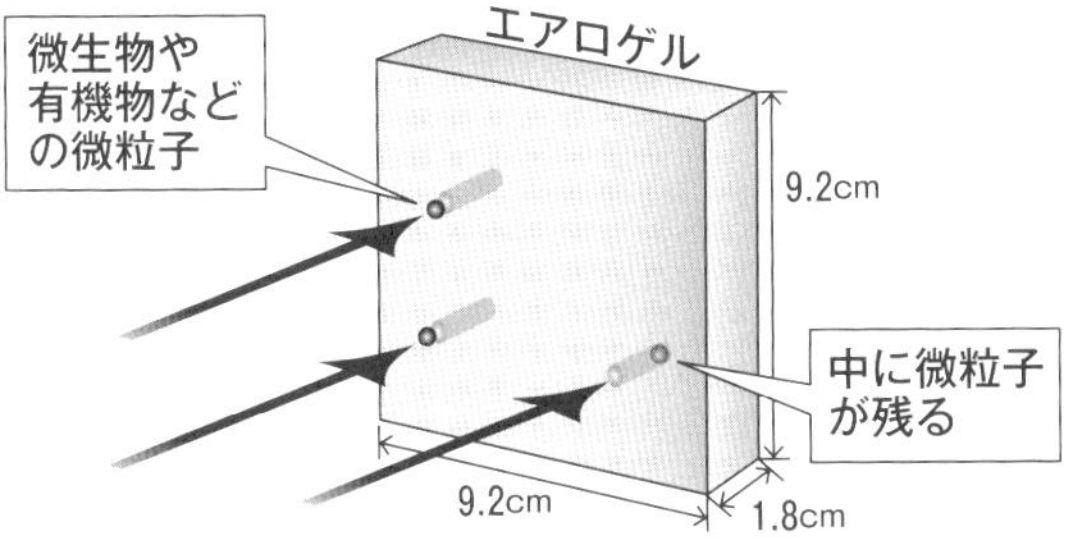

す生物を探し出し、その生態を探る」というイメージを思い浮かべる人も多いでしょう。実際、宇宙に生息する生物を探すことも、宇宙生物学の大きな柱の一つです。

ただ、そのテーマは大きな問題を一つ孕（はら）んでいます。それは、「生命をどう定義するか」ということです。例えば、どこかの惑星で生物を探すといっても、誰もその姿を見たことがありません。生物というと、私たちは地球の生物を基準に考えがちですが、そもそも他の惑星に棲（す）む生物は、地球の生物とはまったく違った姿や形、生体システムを持っているかもしれません。宇宙で生物を探すには、それよりも前に「生命とは何か」をしっかりと議論しておかなくてはならないのです。

二〇〇九年に、火星の生命探査を行う計画が日本で持ち上がり、私を含めて二〇名ほどの研究者が会議に参加しました。その中で、はじめに行ったことは「この火星探査では、どういうものを生命と呼ぶか」を考えることでした。

実は、「生命とは何か」という問いに対して、明確な答えを出せる人は一人もいません。なぜなら、生命の定義が定まっていないからです。でも、日本ではなぜか「生命の定義は定まっていない」というと、皆さん驚かれます。

それでも、「生命の定義らしきもの」は存在しますので、ここではそれをもとに「生命とは何か」について考えていくことにしましょう。

その「生命の定義らしきもの」とは、

1　膜で囲まれている

2　代謝をしている

3　複製増殖をしている

というものです。この「定義らしきもの」は、日本の生化学者の江上不二夫博士（一九一〇〜八二年）によって提案されたもので、非常に生命の本質を突いていると思います。

1の「膜で囲まれている」、2の「代謝をしている」が問題ないことは、直感的に理解できるでしょう。高分子（有機物）でつくられた物質が拡散しないように膜で外部（外界）と分けられ、そして代謝により体に取り込んだ物質を別の物質に変換したり排泄したりしなくては、生物とは認識しづらいからです。3の「複製増殖をしている」にしても、細菌以上のすべての生物は自己複製能力を持つのに対し、無生物には自己複製能力がありません。だから「複製増殖」も含めていいのではないでしょうか。さらに、地球と同じような環境でできた生命を考える場合には、4として「有機物でできている」という可能性を前提にしてもよいだろうと考えています。

このように、「生命とは何か」について考えることも、宇宙生物学の重要な研究分野の一つです。本書では、なるべく現在知られている「定義らしきもの」にのっとって、宇宙と生命について議論していこうと思います。

宇宙から地球生命を考える

ここまで話をしてきて、宇宙生物学が単に「宇宙に生息する生物を探す」だけの学問ではないことがおわかりいただけたと思います。宇宙からの視点を持つことで、より普遍的な生命の本質に迫っていくことが、宇宙生物学のテーマなのです。

その生命の本質に迫るための大きな課題の一つが、生命の起源を明らかにすることです。地球上の生物はバラエティ豊かで、大きさや形などはすべてバラバラのように見えますが、大きな共通点があります。その共通点とは「遺伝子」です。ＤＮＡ（デオキシリボ核酸）などの遺伝子に関することは第五章で詳しく説明しますので、ここでは基本的なことだけ触れておきましょう。

地球上の生物はほぼすべて、ＤＮＡという物質に遺伝情報が書き込まれています。ＤＮＡには、アデニン（Ａ）、チミン（Ｔ）、グアニン（Ｇ）、シトシン（Ｃ）の四種類の塩基が並んでいて、遺伝情報はそこに記録されています。その遺伝情報は親から子へ、子から孫へとどんどん伝えられていく——このようなDNAに刻まれた遺伝情報を読み解いたり、タンパク質などの働きを調べたりする研究分野は、分子生物学と呼ばれています。

それぞれの生物のDNAを調べていくと、似たような遺伝子が見つかります。その塩基配列を比較していくと、どの生物がどの年代で枝分かれしてきたのかがわかり、「進化の系統樹」をつくることができるのです。

系統樹とは、「すべての生物群は共通の祖先に由来する」という考えに基づき、動物や植物など生物相互の類縁関係を樹木状に模式化したものです。昔は見た目などで分類した系統樹がつくられてきましたが、分子生物学が発達してくると、遺伝子の差違によって系統樹が見直されるようになってきました。

生命はどこで誕生したか

地球の生物の起源を考えていくと、宇宙に目を向けざるをえません。なぜなら、この地球自体が宇宙から誕生しているからです。地球が誕生したのは今から約四六億年前——これよりも前の時期に、宇宙を漂っていた塵やガスなどが一カ所に集まり、円盤のようなかたちをつくりました。これを「原始太陽系円盤」といいます。

この原始太陽系円盤では、特に密度の高い中心部分の圧力と温度が上昇し、核融合反応が始まりました――原始太陽の誕生です。やがて、残りの塵やガスは原始太陽系円盤の中でぶつかり合い、次第に小惑星や惑星へと姿を変えていきます。もちろん、地球はこのときにできた惑星の一つです。

できたての地球は、現在のように地殻が固まっておらず、マグマの海が広がっていました。その後、地殻が冷えていく過程で雨が降り、海ができました。そして、今から約三八億年前に、生物が誕生したのです。ただし、地球の生物がどのようにして誕生したのかについては、まだよくわかっていません。

地球最初の生命は、いったいどこで誕生したのか――現在もいろいろな説が争っていますが、有力なものの一つと考えられているのが「海底熱水説」です。地球最初の生物が誕生したときは、地球内部の活動は現在より激しく、海水の温度も高かったと考えられています。生物進化の系統樹をたどってみると、地球生物の共通祖先は、熱に強い「好熱菌」であることがわかってきました。また、初期の地球には現在のように大量の酸素もありませんん。ですから、最初の生物は酸素がなくても生きていける能力が必要となるでしょう。

実は、現在の地球にも、生命が誕生した頃の環境とよく似ている場所があります。それは、深海底の所々に存在する「熱水噴出孔」の周辺です。熱水噴出孔とは、海底から数百度の熱水が噴き出している孔のことです。常圧だと水は摂氏一〇〇度で沸騰してしまいますが、深海底は圧力が高いので、数百度という高温の水が存在できるのです。

深海底には、ふつうの生物に必要な栄養源などほとんどありません。ただし、熱水噴出孔付近だけは、噴出してくる熱水に化学物質が含まれているので、それを栄養源とする微生物が存在します。そして、その微生物を餌とする生物が現れることで、熱水噴出孔付近では、無機物をエネルギー源とする、光合成に依存しない独自の生態系がつくられているのです。

無機物を酸化・還元して得られるエネルギーによって有機物をつくり出すことを、「化学合成」といいます。水深二〇〇メートルよりも深い海は太陽光が届かず、生物の姿はあまり見あたりません。しかし、ひっそりと静まりかえった深海の中において、熱水噴出孔の周辺だけは微生物がひしめき合うように生息しています。海底熱水説を支持する科学者たちは、「地球最初の生命は、化学合成によって誕生した」と考え、熱水噴出孔の近くにいる化学合成を行う微生物の研究を進めているのです。

ダーウィンも考えた温かい池説

しかし、私は海底熱水説には懐疑的です。その理由は、海底環境では生物の遺伝情報を伝える核酸を生成することができないからです。生物は遺伝情報を伝達するのに、DNAとRNA（リボ核酸）という二種類の核酸を利用しています。そして、核酸をつくるには、「乾燥」という工程が必要なのです。しかし熱水噴出孔のような水の中では、乾燥はできません。だから、「海底で最初の生物が誕生するのはとても難しい」と私は考えています。

それでは、最初の生物はどこで誕生したのでしょうか。私が最も可能性が高いと考えているのが、陸上の温泉付近です。この時代、すでに地球には陸地ができていました。温泉は陸上に噴出している熱水で、その中にはさまざまな化学物質が含まれています。化学物質を含んだ熱水があり、核酸の重合反応（小さい分子が互いに多数結合して高分子となること）に必要な乾燥にも向いている——だから、「最初の生物が誕生する場所として、最も可能性が高いのは温泉だ」と考えているのです。

最初の生物が誕生してしまえば、後は水中でも増えていくことは可能です。地球の歴史を振り返ってみると、生物はまず海の中で繁栄し、その後、陸に上がっています。その流れで考えていくと、最初の生物も海中で誕生したと思いたくなる――実際そのように考えている研究者も多いのです。

でも、私は核酸の合成過程から考えると、陸上の温泉が有力ではないかと考えます。陸で生まれたといっても、初期の生物は水の中でないと生きていけません。「温泉で誕生した生物が何らかのきっかけで海の中に広がっていった」と考えれば、辻褄も合います。

ちなみに、進化論で有名なイギリスの自然科学者チャールズ・ダーウィン（一八〇九～八二年）は、友人に宛てた手紙の中で「生物の起源はよくわからないが、温かい池で誕生したのではないか」という趣旨のことを書いています。ダーウィンの発言は、科学的な根拠があるわけではなく、思いつきに近いものだったのでしょう。でも、「かなり直感が鋭い」と私は思いました。

イギリスの自然科学者チャールズ・ダーウィン。
1858年にアルフレッド・ラッセル・ウォレスと
連名で進化論について発表し、
翌年『種の起源』を刊行した。

また、日本の科学者の中には、「生物は地下で誕生した」と考えて実験を重ねている人たちもいます。地下深くは圧力が非常に高いのですが、圧力が高くなると一気圧とは違った反応が進行するようになります。例えば高圧下ではアミノ酸が重合するようになるのです。この「生命の誕生に必要なアミノ酸重合が地下で起きる」ということが、地下が生命誕生の場所ではないかと考える根拠です。しかし、先ほど私が強調した核酸の重合が地下で起きるかどうかは、まだわかってはいません。

また、地中説の難点は、いったん生命が誕生したとしても、誕生した生命に有機物を供給するのがとても難しいことです。いまのところ、生命誕生の場としては「陸上温泉」のほうが可能性としては高いでしょう。

「海底熱水説」「温泉説」「地中説」のいずれにしろ、最初の生物がどこで生まれたのかを示す証拠は、この地球上には残されていません。だから、さまざまな実験を行い、証拠を積み重ねていく必要がある――そこで、宇宙的スケールで生命について考える宇宙生物学が重要になってきます。「宇宙」という単語がつけられていますが、宇宙生物学は決して特殊な生命の話をしているのではありません。宇宙も含めて生命を広く考えていくことで、生命の本質に迫っていく作業をしているのです。第二章以降では、そのことについて、より詳しく扱っていこうと思います。

第二章 火星の生命探査

普遍的な生命の原理を求めて

宇宙生物学が目指す究極の目標は、「生命とは何か」という問いの答えを探すことです。「生命について考えるのに、何で宇宙についても同時に研究しているのか」と、疑問に思われる方も多いでしょう。第一章でも触れましたが、現在の地球に存在するすべての生物は、たった一つの「共通祖先」から進化してきました。そのことは、「DNAに書かれた遺伝情報をもとに、タンパク質を合成する」という生命活動の基本となる部分が、地球上のすべての生物で共通していたことからわかりました。つまり、地球には膨大な数の生物が存在していますが、われわれは「共通する祖先から進化してきた、ただ一例の生命」についてしか知らないのです。

さらに、私たちは生命について語るとき、どうしても地球環境を前提に考えてしまいます。例えば、地球に住む私たちは、常に「1G」の重力を受けています。この1Gとは、「地表面において私たちが受ける重力」を表します。そして、地球上の生物の体は、基本的に1Gの重力に基づいてつくられているのです。

重力とは、「物質と物質が互いに引き合う力」のことで、地球上で暮らす私たちもこの

ニュートンの万有引力の法則

$$F = G\frac{Mm}{r^2}$$

質量mのリンゴと質量Mの地球が、距離rで近づくときに働く力Fを「引力」という。
G：万有引力定数

力によって地球とお互いに引き合っています。だから私たちは、宇宙空間に放出されずに、地球上にとどまっていられるのです。

ある天体によって及ぼされる重力の大きさは、天体の質量と中心からの距離によって決まります。例えば月の場合、質量は地球のおよそ一〇〇分の一、半径は約四分の一です。これをニュートンの万有引力の法則に当てはめると、月表面の重力は地球表面の約六分の一となります。

この宇宙には、地球より重力が大きい場所も小さい場所もたくさんあります。「そういった地球とは重力の異なる惑星でも、果たして生物は生まれてくるのか」と、疑問に思われる方も多いでしょう。

現在、宇宙開発の進展により、宇宙空間での生物実験が数多く行われるようになりました。例えば、一九九四年に打ち上げられたスペースシャトル「コロンビア」では、雄雌各二匹ずつ、計四匹のメダカが、一五日間にわたって宇宙で生活をするという実験が試みられました。実験中、四匹のメダカは四三個の卵を産み、そのうちの八個が孵化しました。この実験により、動物は重力が極端に小さい宇宙空間でも生殖行為を行うことができ、生まれた子どももしっかりと育つことが示されたのです。

生物は重力の大きさに関係なく、生殖行為を行うことができる——この実験結果は、「宇宙に生命が存在していてもおかしくはない」ことを暗に物語っています。このように、地球に限定せず、宇宙全体に共通する生命の原理を求めることは、本当の意味で生命を理解することへとつながっていくのです。

一九世紀に広まった火星人説

人類は長きにわたって、「宇宙に存在する知的生命体」のことを夢想してきました。だから「宇宙生物学」と聞いて多くの人が、「地球外生命の存在を研究する学問」だと思われるのも無理はありません。

一九世紀後半にも、「火星に知的生命体が存在する」という説が話題になりました。そ

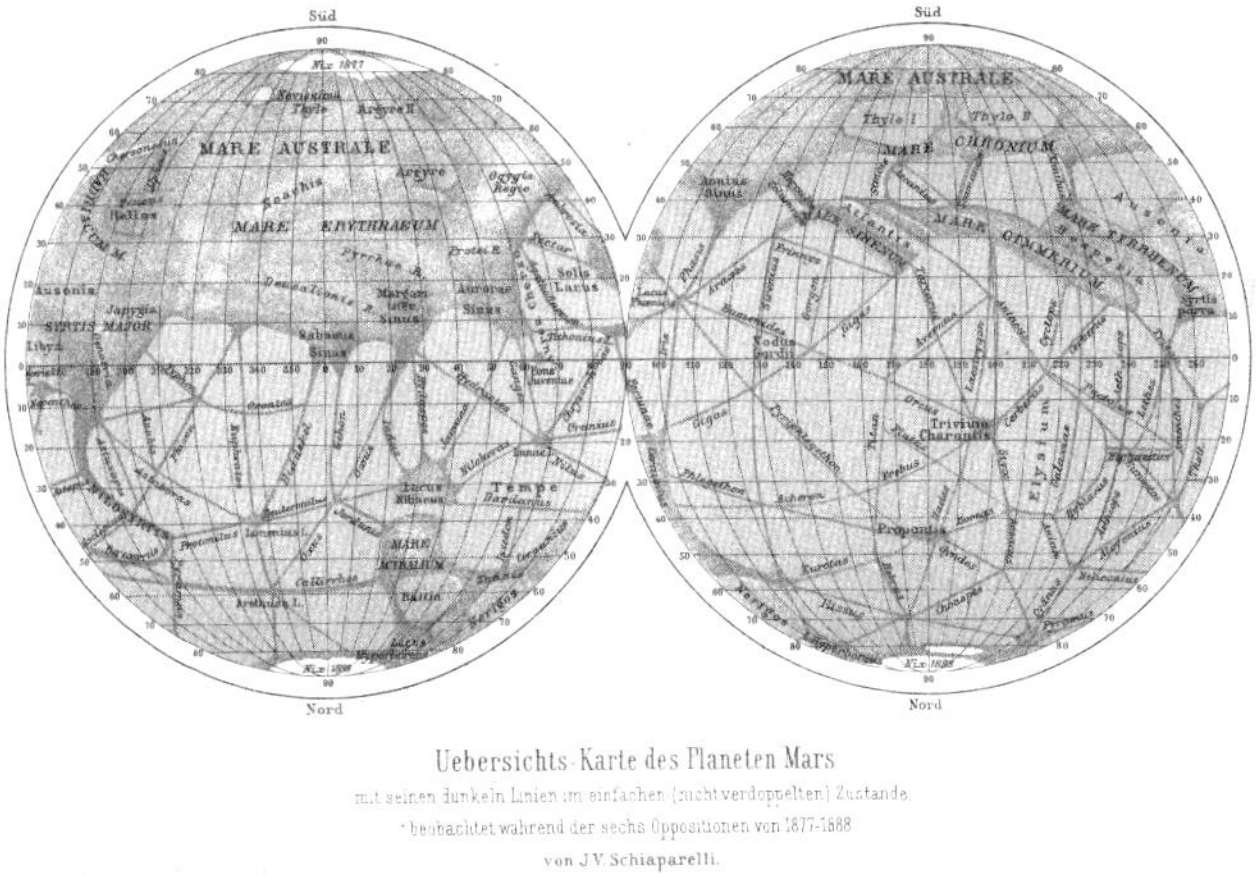

ジョヴァンニ・スキャパレリが発表した「火星の地図」。

のきっかけは、天文学者ジョヴァンニ・スキャパレリ（一八三五〜一九一〇年）が報告した、火星の観測結果でした。ミラノの天文台長だったスキャパレリは、一八七七年に大接近した火星を望遠鏡で観測し、火星の表面に線状の模様を発見しました。しかし、彼はそれが何を示しているのかは説明せず、「カナリ（canali）」と呼んだのです。これはイタリア語で「溝」を意味する言葉で、これがフランス語、そして英語に翻訳されるときに、人工物の意味合いの強い「運河（canals）」と訳されました。そのため、「火星には、人工的につくられた運河がある。それが地球から見えるほどの大きさであるということは、火星人は地球人よりもはるかに進んだ文明を持っているに違いない」と話題になったのです。

この火星の文明に強い興味を抱いたのが、アメリカの天文学者で大富豪のパーシヴァル・ローウェル（一八五五〜一九一六年）です。彼はアリゾナに私財を投じて天文台を建設し、火星の観測を一〇年以上続けました。そして、火星の表面に直線上の筋を発見した彼は、それを「火星人のつくった巨大運河」であると主張したのです。

その「火星に高度な文明が存在する」というイメージを多くの人に広めたのは、イギリスの作家H・G・ウェルズです。彼は一八九八年に、火星人が地球に侵略してくるSF小説『宇宙戦争』を発表します。この小説によって、火星人という想像上の生物が多くの人々の間に浸透していきました。

火星人はロマンあふれる存在となり、ウェルズの『宇宙戦争』以降も、アメリカの作家レイ・ブラッドベリの『火星年代記』など、さまざまなSF小説の題材として使われてきました。その後の探査により、火星にはかつて広大な海が存在していたことが、現在ではわかっています。過去に多くの水が存在したとなると、生命がいた可能性も否定できない――結果として火星には運河も文明も存在しませんでしたが、ローウェルやウェルズが見た火星への夢が、その後の惑星探査へとつながっているのかもしれません。

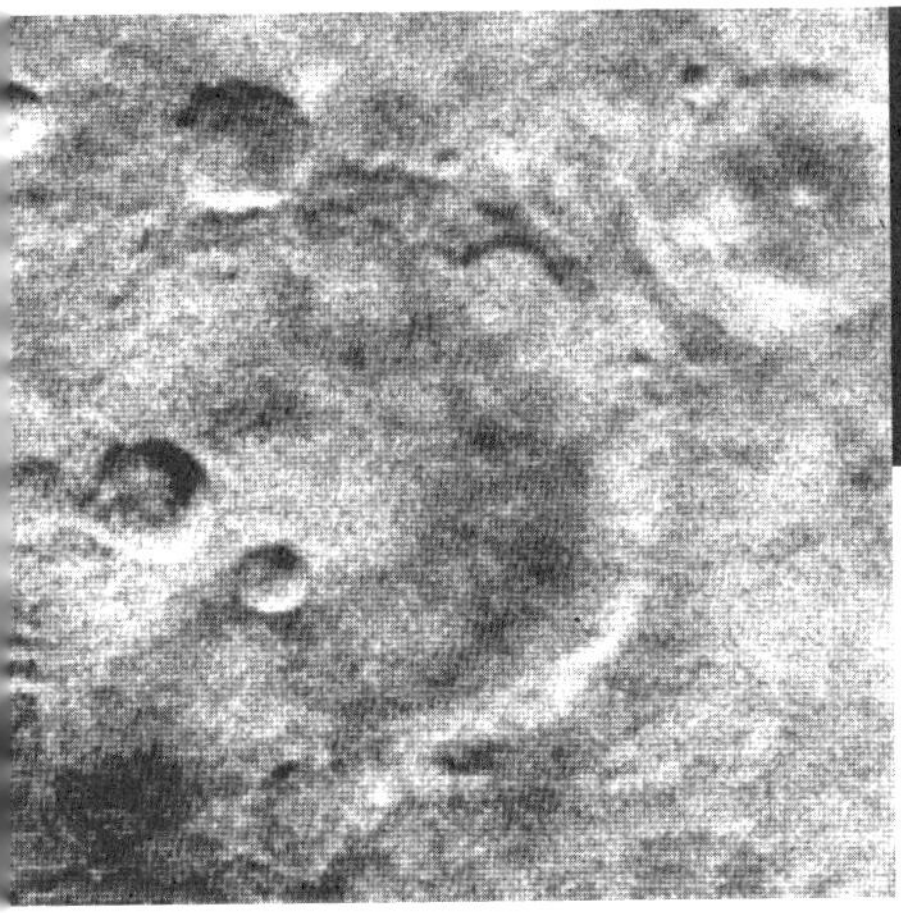

(上)マリナー計画4機目の探査機「マリナー4号」。火星のフライバイ(接近通過)撮影に初めて成功し、火星表面の画像を地球に送信した。
(左)マリナー4号が撮影した火星表面の画像。

初の火星探査に成功したマリナー4号

世界で初めて火星探査に成功したのは、一九六四年に打ち上げられたアメリカNASAのマリナー4号です。一九六五年七月に火星へ接近したマリナー4号は、火星の表面を初めて鮮明に撮影することに成功しました。そしてマリナー4号は、二二枚もの画像を地球へ送っています。しかし、マリナー4号から送られてきた画像に写っていたのは、クレーターだらけの荒涼とした世界で、生物が存在する可能性をまったく感じさせませんでした。

その後、一九七一年にマリナー9号が、世界で初めて火星周回軌道へ入ることに成功します。そして、すぐに驚くべき情報がもたらされました。なんと、火星の表面に、深い「峡谷」が刻まれていたのです。峡谷

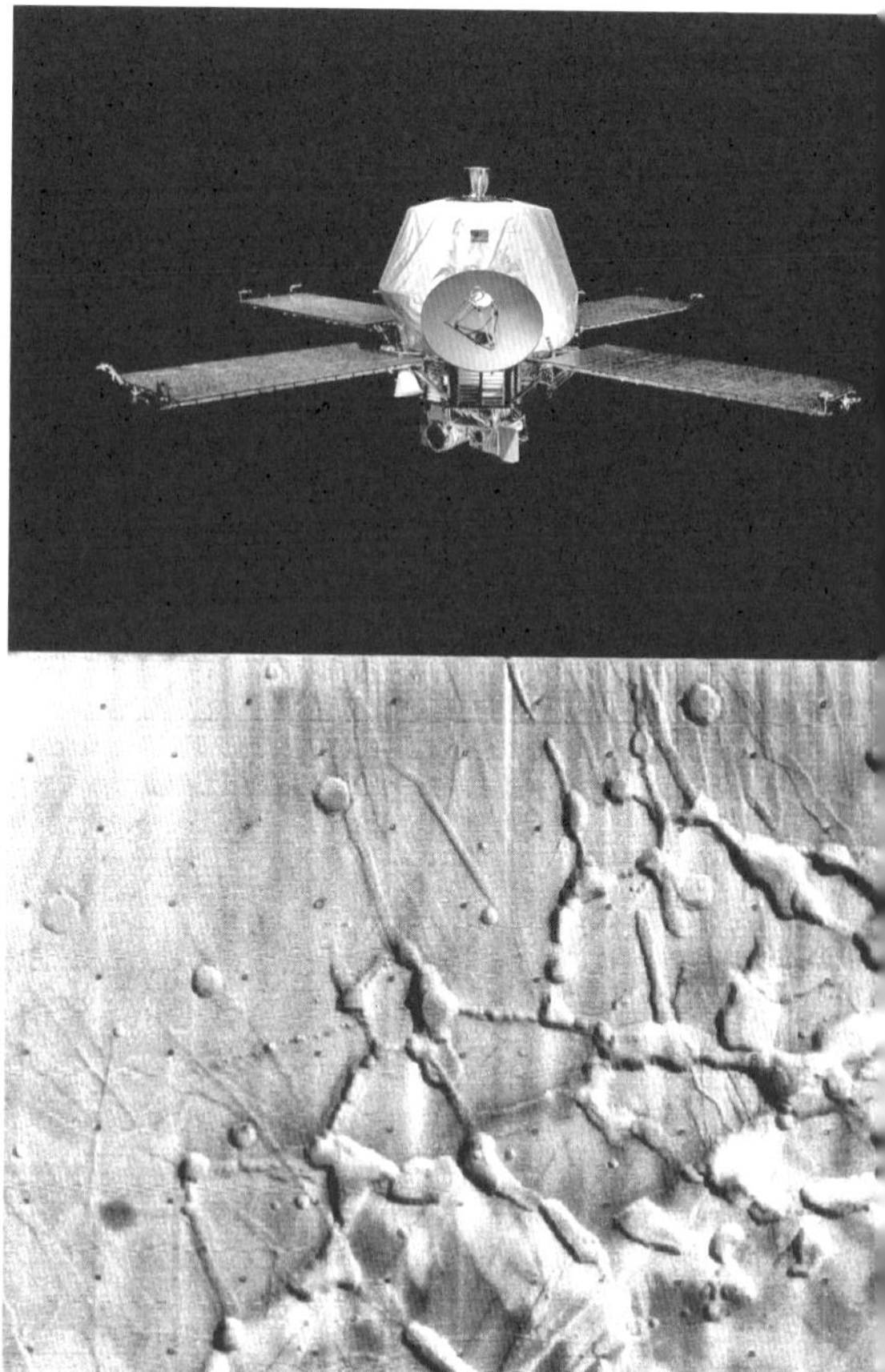

（上）1971年に打ち上げられた火星探査機マリナー9号。
火星周回軌道から、継続的な火星の撮影を行った。
（下）マリナー9号が撮影した「マリネリス峡谷」の西端。
長さ約4000キロメートル、最大幅約200キロメートルの大峡谷で、
深さが7キロメートルに及ぶところもある。

は、水の流れが長い年月をかけてゆっくりと地表を削ることによってつくられます。つまり、この画像は「かつて火星の表面には水が存在した」ことを示しているのです。

生命が存在するためには、「有機物・水・エネルギー」の三つが必要です。火星に水があったことが示されたことで、「生命が存在する」もしくは「かつては存在していた」可能性が、がぜん高まりました。

NASAのバイキング計画で火星に送られた2機の探査機の一つ「バイキング1号」。

その後、NASAは一九七五年に、「バイキング計画」をスタートさせます。この計画では、火星周回軌道からの観測に加え、火星表面に着陸しての「生命探査・気象観測・大気成分分析」などを行うことを目標としていました。

そして一九七六年に、NASAのバイキング1号とバイキング2号は、着陸機（ランダー）を相次いで火星表面へと着陸させることに成功します。着陸後、火星の土壌での有機物探査や、栄養液に反応する生物の探査などを試みたのですが、有機物を検出することができず、生命は存在しないという結論が出されました。

ただ、二機の火星探査機で発見できなかったからといって、火星に生物がいないと結論づけるのは早計です。最近になって、バイキングの有機物検出感度はとても低かったことが明らかになりました。仮にバイキングの装置で地球のあちこちの場所を調べたとしても、有機物を検出できない場所がたくさんあることがわかってきたのです。

ただし、アメリカの火星探査はこれ以降、しばらく途絶えることとなります。バイキング1号の着陸機が一九八二年一一月に活動を停止すると、火星探査に関しては、アメリカとソ連の間での競争に決着がついたからか、長く空白期間が続きました。

火星探査が再び活気を取り戻したのは、「マーズ・パスファインダー計画」以降です。マーズ・パスファインダー計画とは、アメリカが安価で効率のいい探査機を打ち上げる「ディスカバリー計画」の一環として行われた火星探査計画です。一九九六年に打ち上げられた火星探査機マーズ・パスファインダーは、翌一九九七年七月四日のアメリカ独立記念日に、計画どおり火星のアレス峡谷に着陸しました。一九七六年のバイキングの火星着陸以来、実に二一年ぶりに火星に着陸し、初のローバー（探査車）走行にも成功しています。

その後もNASAは、火星に探査機を送り続けました。そして現在では、「火星の表面にはかつて液体の水が存在した」ことのほか、「温暖・湿潤な気候が長期間保たれていた」ことなどもわかってきています。つまり、今から四〇億～三〇億年ほど前の火星は地球と

火星に送られた小型探査車「ソジャーナ」(中央左寄り)。

よく似ており、生命が存在していてもおかしくない環境だったのです。このような探査結果から、「地球と同じように、火星にも生命が存在していたのではないか」という考えが広がっていきました。

そして二〇〇六年には、「火星の表面に水が流れた跡」と思われるような筋模様が発見されました。その後、このような筋模様がたくさん発見され、中には、暖かい「火星の夏」の期間にしか見ることができず、冬になると消えてしまうものがあり、これは「地下に存在する氷が解けて、水が表面に流れ出した跡ではないか」と考えられています。

さらに二〇〇八年には、NASAの火星探査機フェニックスにより、「水の氷」らしきものが発見されました。それ以前から、火星周回機（火星の周りを回る人工衛星）の探査により、「火星の北極付近には、大量の水（氷）が存在している」と予想されていました。そして、火星の北極付近に着陸した探査機フェニックスがロボットアームで地表を掘ったところ、土壌下から「白い物質」が見つかったのです。この白い物質は数日後には消えてなくなってしまったので、「ドライアイス」か「水の氷」ではないかと推測されました。

ただ、火星の表面温度と気圧は、二酸化炭素がドライアイスとして存在するには温度が高く、圧力も低いのです。だから現在では、「フェニックスが発見したのは、水の氷でほ

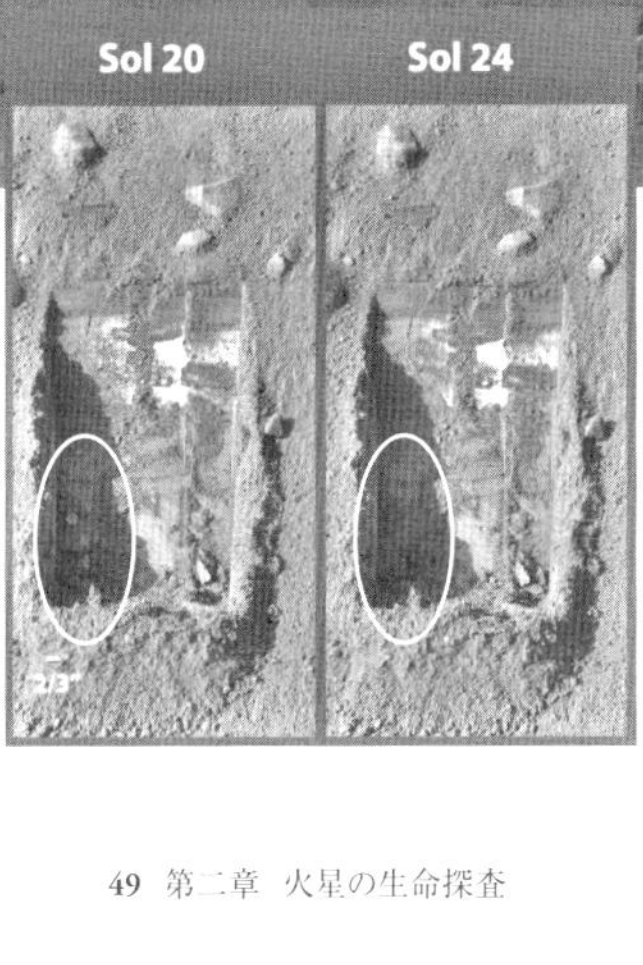

（上）火星探査機フェニックスは、
着陸後ロボットアームで北極域の地表を掘削し、
火星に水が存在するかを探った。
（左）探査機フェニックスが掘った跡を撮影した写真。
左側の写真（20火星日）に写っていた物質が、
数日後（24火星日）には消えていたことから、
氷でほぼ間違いないと発表された。

ぼ間違いない」と考えられています。ちなみに火星においては、表面の温度が上がると氷はすぐに昇華してしまうことが予想されていました。フェニックスが発見した白い物質が数日後に消えてしまったのも、この予想ととてもよく一致しているのです。

火星生命の可能性

火星は地球に最も近い惑星です。近いということは通信でのやりとりが容易なうえ、サンプルを地球に持ち帰ってくることも十分考えられます。そこで、「そのような場所で生命が誕生した可能性があるならば、徹底的に調べないわけにはいかない」という気運が高まり、前述のように日本でも二〇〇九年から火星生命の探査計画が検討され始めました。しかし、火星に水があったからといって、それだけでは生命が存在することにはつながりません。ここからは、火星で生命が生存できるかどうかについて、検討していきたいと思います。

まず、火星には地球の三八パーセントしか重力がありません。そのような重力下で、果たして生物は生存できるのか——確かに「重力がまったくない」状況だと、体を安定させられる場所がありませんので、活動していくのは難しいでしょう。しかし、多少なりとも重力が存在するのであれば、生物は塵や岩石などといった物質の上に体を安定させられます。だから、重力が小さいことは、特に問題とはなりません。

次に気温ですが、火星の平均気温は摂氏マイナス五〇度と、人間の感覚からすれば非常に寒いと感じられます。しかし、この数字はあくまでも平均的なもので、実際はプラス二〇度くらいからマイナス一四〇度までの間で変化しているのです。最高で二〇度まで上がるのですから、気温についても微生物にとってはさほど問題にはなりません。

大気圧は地球の〇・七五パーセントと、とても低い値です。これほど大気が薄いところで、生物は生存できるのか――かつてはよくわかっていませんでしたが、現在ではこの火星と同じ大気圧で、生育できる微生物が発見されています。このことからも、「大気がほとんど存在しない火星でも、生物は生息できる」といえるでしょう。

次は、火星の大気組成です。火星の大気は九五パーセントが二酸化炭素で、酸素はほとんどありません。人間だと、この環境下では生きていけませんが、微生物の中には破傷風菌のような、酸素がある場所では生存しにくい生物もいるのです。このような生物は、「嫌気性細菌」と呼ばれ、地球上に数多く存在しています。だから、酸素が少ないというのも、生物にとって不利な条件ではないのです。

ただ、「大気がほとんどない」ということは、宇宙から降り注ぐ放射線がほとんどそのまま地表まで届くことを意味しています。国際放射線防護委員会（ＩＣＲＰ）は、人が受ける年間積算線量の許容量として、平常時は一ミリシーベルト以下、原子力事故などの緊急時で二〇～一〇〇ミリシーベルトという指標を示しています。一方、火星表面にやってくる放射線量は一年間で約七〇ミリグレイです。人体への影響を評価するための単位であるシーベルトに換算すると、およそ七〇ミリシーベルトですので、この値も特に問題にはなりません。

問題があるとすれば紫外線です。一平方メートルあたり約二〇ワットと、火星の紫外線量は非常に多く、紫外線耐性の強い菌でも火星表面にいると数分で死んでしまいます。アストロバイオロジーの観点から見た場合、生存限界条件として、放射線や紫外線照射に対する耐性は極めて重要です。ただ、紫外線は土壌によって、簡単に遮ることができます。地下数センチも潜れば完全に遮蔽されますので、土の中で暮らす微生物であれば、紫外線に関してもそれほど影響はありません。

このように検討していった結果、火星でも生物が生存することは十分可能と考えられます。ただし、「地球に棲む微生物を、火星に移住させる」という実験は、慎重に行わなければなりません。まだ見つかってはいませんが、もし実際に火星に生物が存在していたとしたら、火星の生態系を壊してしまう可能性があるからです。

生命のエネルギー源は存在するか

ここまで、「火星に生物が生存できるか」について検討した結果、環境面に関していえば、十分可能であることがわかりました。次に問題となるのは「エネルギー」です。

生物が生存するためには、エネルギーが不可欠です。生命の性質の一つとして、「エネルギーを消費し、細胞構造を維持する」ことが挙げられます。地球のほとんどすべての生物は直接・間接を問わず、太陽光を利用した光合成に依存しています。太陽光が遮られれば、地球上のほとんどの生物は死に絶える——火星にも太陽からのエネルギーは届いていますが、火星に光エネルギーを利用できる生物、つまり光合成生物がいるかどうかはわかりません。

ただし、地球にも「太陽光に依存していない生物」が、少なからず存在します。それは温泉や海底熱水噴出孔付近に生息する「化学合成細菌」です。化学合成細菌とは、「周囲に存在する無機物から、栄養を得ている細菌」です。海底熱水噴出孔からは、摂氏三〇〇度近い熱水とともに、硫化水素、硫黄、水素なども噴出しています。それらの無機物から有機物を合成し、栄養としている化学合成細菌が、熱水噴出孔付近にはたくさん生存しているのです。だから、もし火星の地下に硫化水素や水素などの化学物質が存在するならば、それらをエネルギーとして利用している微生物が生息している可能性も十分考えられます。

その後、二〇一四年にNASAの探査車キュリオシティが、火星表面でエネルギー源となりうるメタンや還元型の岩石、有機物があることを発見しました。これで火星には、生命に必要な「水・エネルギー・有機物」がすべて発見されたことになります。

日本が提案する火星生命探査

これまでの説明で、「現在の火星でも、生物は生存できる」可能性のあることがおわかりいただけたと思います。では、NASAなどが何度も探査しているのに、なぜ今まで火星で生命の痕跡すら発見することができていないのでしょうか。その大きな原因として、これまで使われていた分析法の感度の低さが挙げられます。

もし火星に生物が存在しているとしたら、どのような形態をしているのか——水が存在する地球とよく似た環境であったのなら、水を溶媒にしているので、火星の生物もおそらく有機物からつくられていると考えられます。そうすると、地球の微生物とよく似ているはずですので、内側と外側を隔てる膜構造を持ち、大きさは一〜一〇マイクロメートルほどではないでしょうか。

細胞の大きさには、それなりの理由があります。細胞が大きくなると取り込む物質や排出する老廃物が増えていくので、そうなると化学反応をスムーズに行わなければなりません。そして、化学反応をスムーズに行うためには、大きな表面積が必要となります。

大きな表面積を手に入れるには、体を小さくしたほうが有利です。例えば、一辺が一センチメートルの立方体の場合、体積が一立方センチメートルなのに対して、表面積は六平方センチメートルになります。次に一辺が一〇センチメートルの立方体を想像してみてください。この場合は、体積一〇〇〇立方センチメートルに対して、表面積は六〇〇平方センチメートル——体積が一〇〇〇倍になったのに、表面積は一〇〇倍にしかなりません。つまり、細胞が大きくなればなるほどそれに対する表面積の割合は小さくなるのです。これでは、大きさを維持するのに必要な物質を、表面から取り込むことが難しくなってしまいます。

しかし、だからといってあまり小さくなりすぎると、今度はＤＮＡや代謝反応に必要な酵素タンパク質を収めることができません。細胞の形や大きさは生物によって異なりますが、大きすぎても小さすぎても不都合が生じてしまうのです。

さて、このような微生物を高い感度で検出するために、私たちのグループでは「蛍光顕微鏡」を使った研究を行っています。蛍光顕微鏡とは、蛍光色素で微生物の有機物を染色して、直接微生物を観察・計測する方法です。数種類の蛍光色素を使って土壌を調べることで、微生物やさまざまな有機物を効率よく発見することが可能となります。

ただ、蛍光顕微鏡を使った分析は、試料を蛍光色素で染めるといった前処理を必要とするので、非常に手間がかかります。だから、実際に火星で探査を行うためには、試料の採取・前処理・観察・結果報告のすべてを自動化することが必要です。現在、その装置や搭載する探査車の開発などを、手分けして進めています。そして、バイキングに搭載された装置の一〇〇〇倍の感度で、一マイクロメートルの大きさの細胞を検出できる装置を開発しました。

火星は二年に一度、地球に接近してきます。だから、そのときが火星に探査機を送り込む絶好のタイミングなのです。今、私たちが準備している火星探査車は、できれば二〇二〇年代に、火星へ向けて打ち上げたいと考えています。

生命の情報を求めて

私たちが準備している火星生命探査の実現には、もう少し時間がかかりますが、生命の起源に迫る探査は他にも進められていますので、それらの結果から新しい事実が発見されるかもしれません。

現在、宇宙生命探査の分野で最も期待されているのが、小惑星探査機「はやぶさ2」です。はやぶさ2が目指している小惑星「1999 JU3」は、炭素系の物質を主成分とするC型小惑星です。このタイプの小惑星には、有機物や含水鉱物が豊富に存在すると考えられています。

もし、はやぶさ2が1999 JU3のサンプルを無事に持ち帰ってくることができれば、地球生命の材料となった有機物の発見につながるかもしれません。また、鉱物・水・有機物の相互作用を観察することで、有機物の変化もわかってくるのではないかと思います。

さらに、このはやぶさ2の探査では、「地球上の生物に使われているアミノ酸の謎」にも、迫れるかもしれません。地球上の生物の体は、タンパク質でできています。タンパク質とは、数百個のアミノ酸がつながったものです。そしてアミノ酸には、「光学異性体」というものが存在します。光学異性体というのは、構成成分がまったく同じで、構造も変わらないのですが、立体的な配置に少し違いがある物質です。一見、同じもののように見えるのですが、右手と左手のように鏡に映したような関係になっていて、まったく重なり合わない構造になっています。

このように、アミノ酸には左手型の「L型」と右手型の「D型」の二種類が存在します。そして、自然界ではL型とD型のアミノ酸がほぼ同じ量つくられているのですが、地球生物に使われているアミノ酸を調べてみると、なぜかL型だけです。なぜ、このようなことが起こるのか――その理由はまだよくわかっていませんが、もし小惑星から有機物を持ち帰ることができれば、この謎の一端を解き明かすことができるかもしれません。

また、二〇〇四年に打ち上げられた欧州宇宙機関（ESA）の彗星探査機「ロゼッタ」が、二〇一四年八月に「チュリュモフ・ゲラシメンコ彗星」の周回軌道に到着しました。その後、投下した着陸機「フィラエ」が彗星の核に着陸し、史上初の「彗星に着陸した探査機」と話題になったのは記憶に新しいと思います。ところがフィラエは、太陽光が十分に当たらない「日陰」の部分に着陸してしまったようで、太陽電池から発生電力を十分得られず休眠状態になってしまいました。

ロゼッタから分離してチュリュモフ・ゲラシメンコ彗星の表面に下降する、
着陸機フィラエのイメージ図。

しかし、なんとそのフィラエが「二〇一五年六月に目を覚ました」というニュースが流れたのです。フィラエが目を覚ました理由として、「チュリュモフ・ゲラシメンコ彗星が太陽に近づくにつれ、活動するのに十分な太陽エネルギーを得られるようになったからではないか」といわれています。

そしてESAは、フィラエからの新たなデータを受け取る準備を始めました。今後、私たちがISSで進めているたんぽぽ計画はもちろん、フィラエからも有機物に関する情報がもたらされるのではないかと、期待が膨らみます。

第三章

生命の星・地球

生物を分類する方法

この章から第五章までは、生命の存在が宇宙の中で唯一確認されている「地球の生物」を扱っていきます。宇宙の生物について検討するには、「生命はどのように進化するのか」を知る必要があるからです。

地球上の生物は、確認されているだけでも一九〇〇万種以上いるといわれています。これほど多様な生物を語っていくには分類――いわゆる仲間分けが必要です。この「生物をさまざまな特徴から分けて研究していく学問」を、分類学といいます。生物を分類することで、どのようなことがわかってくるのか――まずは、「分類学では、生物をどのように分けていくのか」について、お話ししていきましょう。

「研究者たちは膨大な知識をもとに、生物を分類しているのではないか」――研究者以外の人たちは、そのように考えていることが多いようです。ところが、昔の研究者たちはある意味、直感的に生物を分類していました。もちろん研究者は専門家として、たくさんの生物を見てきているので、ふつうの人たちよりも動物を見分ける訓練を積んでいます。彼らが生物を分類するときには、まずは色・形・大きさといった外見から得られる情報によって分けていきますが、やや専門的な分類法になってくると、表皮や骨格といったさまざまな情報も取り入れながら考えていくのです。

範囲を広げることで変化する分類のポイント

まずは、私たちにとって最も身近な動物である「哺乳類」について考えていきたいと思います。皆さんは、左の図を見せられたとき、それが何の動物かを間違いなく言い当てることができるでしょう。左側にいるのがヒトで、右上がウサギ、そして右下にいるのがウマです。この程度のことでしたら、それほど深い知識がなくても直感的に分類できると思います。

哺乳類

では、次は「爬虫類」を例にしてみましょう。爬虫類の場合、カメなどは「甲羅のある・なし」で簡単に見分けられます。ただ、トカゲやワニになってくると外見が似ているので、分類が少し難しくなってくる――そのような場合は、「トカゲは主に陸で生活をしているが、ワニは水辺付近に生息している」というように、生活スタイルで分けていきます。そして、ヘビなどは「四肢があるかないか」で区別できます。

今度は、両生類と鳥類について考えてみましょう。両生類の特徴は、「爬虫類と違って表面に鱗（うろこ）がなく、かつ表面が粘液で覆われている」ことです。そして鳥類は、「表面が羽毛で覆われている」のが大きな特徴です。

爬虫類の中でも、カメは顔や手足が鱗ではなく粘液で覆われているので、両生類の中に入れてしまいたくなるかもしれません。でも、カメにもちゃんと鱗はあるのです。カメの胴体の部分には大きな甲羅がありますよね。甲羅の土台になっているのは、実は肋骨です。そして、その肋骨の上を、鱗が覆うような体のつくりになっています。

カメの甲羅には溝のような境目がありますが、あの境目に囲まれた部分が鱗一枚分に相当します。つまり、「爬虫類は鱗を持つ」というように分類することができるのです。ただし、カメの仲間でもスッポンの甲羅は、皮膚でできているので、他のカメのように甲羅に境目がありません。このように、「生物には例外が存在する」ということを覚えておいてください。

次は魚類です。魚類の分け方で一番わかりやすいのは、「四肢」があるかないかという点です。ただし、先ほども申し上げたように、生物には例外があります。四肢を持たない点でいえば、ヘビやクジラなども魚類になってしまいますが、分類学上、ヘビは爬虫類、クジラは哺乳類に属しているのです。これらの生物は、他の基準で分類しています。

分類から見えてくる進化の過程

ここまで、哺乳類、爬虫類、両生類、鳥類、魚類の特徴を見てきました。この五種類の動物は、「脊椎動物」に分類されます。脊椎動物とは、体の中に多数の椎骨（ついこつ）がつながった脊椎（背骨）を持つ、脊索動物のグループに属する生物です。

脊椎動物は、六六ページの図に示すような経路をたどって進化してきました。生物の姿や形、色、表皮の種類、四肢のあるなしといった外見的な情報だけで分類しても、進化の過程がある程度はわかります。

ただ、この分類法で生物の進化のすべてが理解できるわけではありません。脊椎動物の進化をさらにさかのぼっていくと、ヤツメウナギやヌタウナギなどが登場してきます。これらの動物は無顎類（むがくるい）といって、「あご」ができる前の脊椎動物の祖先の特徴を今も残した生物です。

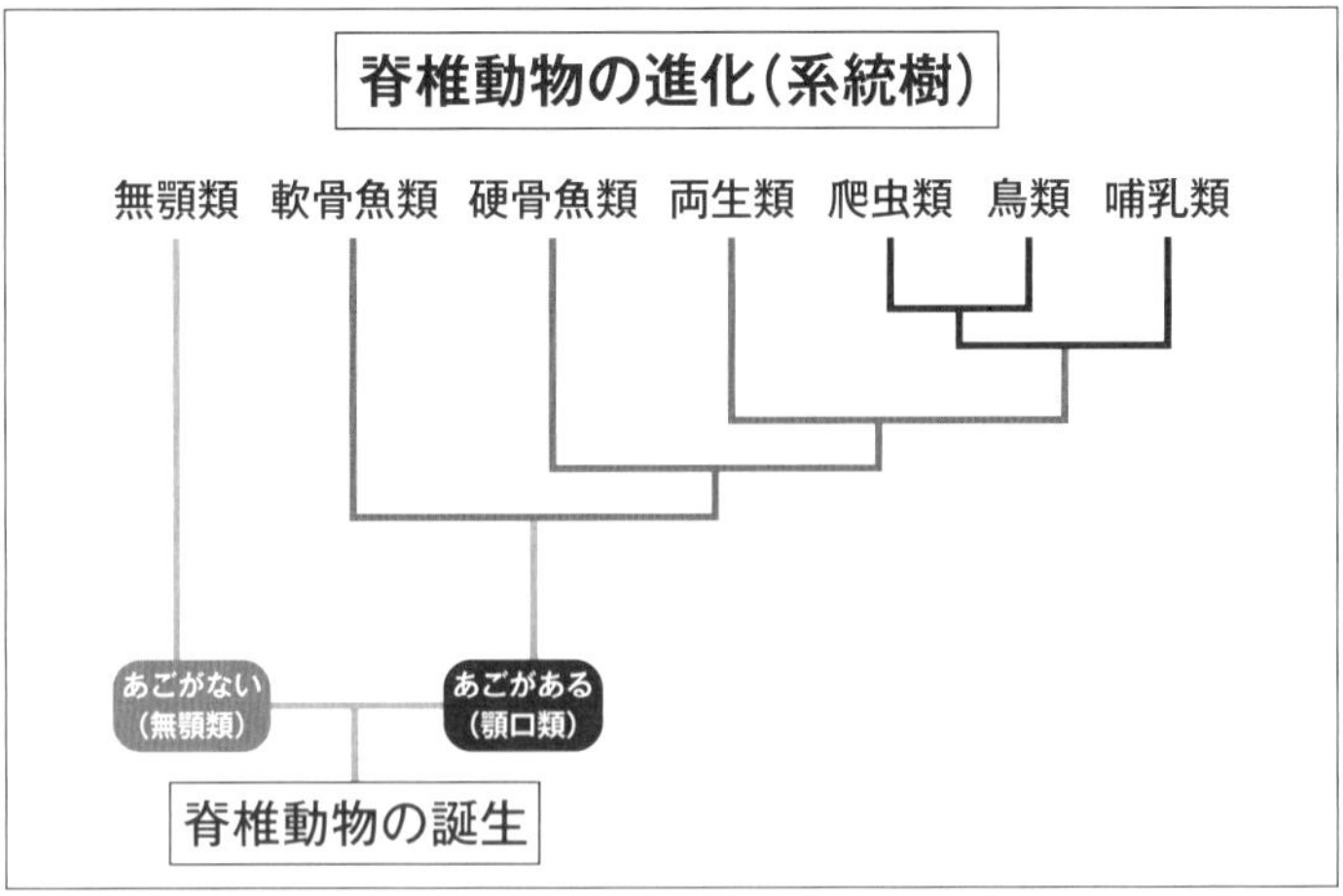

六七ページの画像はヤツメウナギの写真です。この動物は魚のような外見をしていますが、あごを持っていません。口がホースのように開いていて、その内側にたくさんの歯が同心円状に生えています。あごのある動物は、餌を噛んで食べることができますが、ヤツメウナギのようなあごを持たない生物では、そうはいきません。そのまま口を開けて吸い込んだり、相手に吸いついたりすることしかできず、餌が大きいときは内側にある歯で「ガリガリ」と削り取っていくようにして食べるのです。

生物の分類法

研究者たちはこのようにして、さまざまな生物を分類してきました。ただ、その基準というものは、分類するグループによって違ってきます。足があるかない

数少ない現生の無顎類の一群であるヤツメウナギ。
吸盤状の口で他の魚に吸いつき、鋭い歯で皮膚を破って体液を吸う。

か、背骨を持っているかどうかなどといった分け方から、あごがあるかないかまで、その基準はさまざまで、使用する基準によって分類の階級が変化してくるのです。

その分類階級は、上位から順に界、門、綱、目、科、属、種といいます。「種」の中でも共通の特徴を持った生物を同じ「属」に、そしてさらに上位の「科」「目」とまとめていく手順を繰り返し、階層的に分類していくのです。皆さんにとって最も馴染み深いのは、最下位の階層である「種」になるでしょう。種は生物の分類の基本単位です。例えば、現代人を学問的に表現すると「ヒト」、学名としては「ホモ・サピエンス」となります。このヒト（ホモ・サピエンス）が種にあたります。そして、その上の属にあたるものが「ヒト属」です。さらに、その属の上の科という分類では、ヒトの場合は「ヒト科」となります。

その科より、さらに上にくる階層が目です。ヒトは、サル、チンパンジー、ゴリラなどと同じ霊長目に属します。皆さん、よく、霊長類といいますが、学術的には「霊長目」と表現します。目の一つ上の綱では「哺乳綱」となり、哺乳綱にはイヌ、ウシ、クジラ、ゾウ、ネズミなど、さまざまな動物が含まれます。さらに、「脊椎動物亜門」「脊索動物門」「動物界」と分類の階層が上昇していくに従い、含まれる動物の範囲も大きくなっていきます。一口で分類法といっても、細かいものから大きなものまで、さまざまな階層に分けられているのです。

分類法は分類学者の数だけある？

ここまで、私は「生物の分類法は、しっかりと決められている」かのように紹介してきました。しかし、この分類法はまだ不確定な要素を含んでいます。研究者の考え方次第で分け方に違いが出てくるので、実は「分類学者の数だけ、分類法が存在している」ともいわれています。

例えば、先ほど私は「脊椎動物は、脊索動物のグループに含まれる」と紹介しましたが、以前までは、脊椎動物は独立して脊椎動物門として分類されていました。というのも、背骨を持っていない「原索動物」の仲間も、現在は脊索動物に含まれているからです。

原索動物には、ナメクジウオの仲間の「頭索動物」や、ホヤなどが属する「尾索動物」が含まれています。原索動物は背骨よりも原始的な棒状の塊である脊索を持っていて、これが背骨に変わっていき、脊椎動物が現れたと考えられています。つまり、原索動物は脊椎動物の原型となっているので、一つのグループとしてまとめたほうがいいという考え方が、現在では主流になっているのです。

こんな話をすると、そもそも分類学が学問なのかどうかも怪しく感じられてしまうでしょう。しかし、そもそも科学とは「新たな研究成果がもたらされることで、変化・発展していくもの」なのです。新しい発見によって知識が単に増えるだけでなく、昨日の考え方が間違っていたことがわかることもあります。こうして、人類の知識はより確かなものに近づいていくのです。

体の内部構造も考えた分類

ここまで、脊椎動物の分類法について、具体例を用いながら説明してきました。これらの動物は、色や大きさ、形、表皮など、主に外見の特徴などから直感的に分類することができましたが、生物にはそれだけでは区別できないグループも存在します。

生物には脊椎動物の他に、背骨を持たない「無脊椎動物」というグループがあります。皆さんも小学校や中学校の授業で習ったことがあるはずです。無脊椎動物の仲間には、バッタ、トンボ、ミミズなどはもちろんですが、クラゲやイソギンチャクも含まれます。

無脊椎動物というくくりは背骨を持つ脊椎動物に対しての区分なので、脊椎動物以外のすべての動物が入ってきます。そうすると、たくさんの動物が当てはまりますので、ここでもまた細かい分類法が必要になってきます。例えば、先ほど出てきたトンボ、バッタの仲間とイソギンチャクなどは、同じ無脊椎動物でもまったく違うグループに属するのです。

これらの動物を分類するには、解剖学や発生学の知識が必要になります。解剖学とは生物の体を切り開いて、形態や構造を観察・記述する学問です。これらの方法では、外見から判断するだけでなく、体の内側を調べて、その特徴ごとに分類していきます。

一方、発生学というのは、受精卵から一つの成体になるまでの過程を調べていく学問です。すべての多細胞生物は、受精卵という一個の細胞から始まり、それが組織や器官へ分かれていきます。その生物の発生過程を比べることが、生物の分類にもつながってきます。

その代表的なものが、「前口（旧口）動物」「後口（新口）動物」という分類です。

この前口動物、後口動物という言葉は聞き慣れないと思いますが、これは「口が先にできるか、後にできるか」の違いです。たった一つの受精卵が一つの成体になっていく過程では、二つ、四つ、八つと分裂を繰り返して細胞の数を増やしていきます。細胞はただ増えるだけではなく、それぞれ個別の役割を持つようになっていく——これを分化といいます。

分化が進んでくると、消化管になる部分ができてきます。消化管とは食物の消化・吸収を行う部分で、口腔から咽頭、食道、胃、小腸、大腸を経て肛門へとつながる一条の管のことです。体の中のことなのでわかりづらいですが、入り口から出口までが一本の管でつながっているので、主な生物は基本的に「浮き輪」と構造が同じということができます。この消化管のでき方の違いが、前口動物と後口動物を区別しているのです。

前口動物は、消化管が口のほうから先に発生してくるのに対し、後口動物は肛門のほうからつくられてきます。カニ・トンボ・バッタといった節足動物、ミミズ・ゴカイなどの環形動物、イカ・タコなどが属する軟体動物はすべて前口動物で、哺乳類、鳥類、爬虫類、両生類、魚類の脊椎動物の仲間はすべて後口動物です。体の構造は同じような浮き輪型になりますが、口が先にできるか、肛門が先にできるかで発生学的に区別されるのです。

また、イソギンチャクをはじめとする腔腸動物の仲間などは、同じ多細胞生物ではあっても、体内の構造を見ていくと、「前口動物とも、後口動物ともまったく違う生物」であることがわかります。前口動物や後口動物は、体の中に消化管が通っていて、変形する（体の中に空気を入れて膨らませる）と浮き輪のような形になりましたが、腔腸動物は変形しても浮き輪型にはならず、ボール型になるのです。

どういうことかというと、腔腸動物は口と腔腸（胃腸と循環器の働きをする部分）を持ちますが、排泄器がありません。つまり、肛門にあたる部分がなく、途中で行き止まりになっているのです。だから、イソギンチャクの仲間は餌を口から取り入れると、胃で消化し、また口から排泄します。このように腔腸動物は、解剖学的に見ても、発生学的に見ても、前口動物や後口動物とはまったく違った動物であるといえます。

ここまでの話を系統樹にまとめてみると七三ページ上図のようになります。動物は前口動物と後口動物で大きく二つに分かれ、そこからまたいくつものグループに分類されていきます。私たち脊椎動物の流れにつながってくるのは、後口動物のほうです。後口動物には、ウニの仲間の棘皮（きょくひ）動物のほか、半索動物、図にはありませんが毛顎（もうがく）動物、有鬚（ゆうしゅ）動物などが含まれます。その中で、より私たちに近いのが、ホヤをはじめとする尾索動物です。

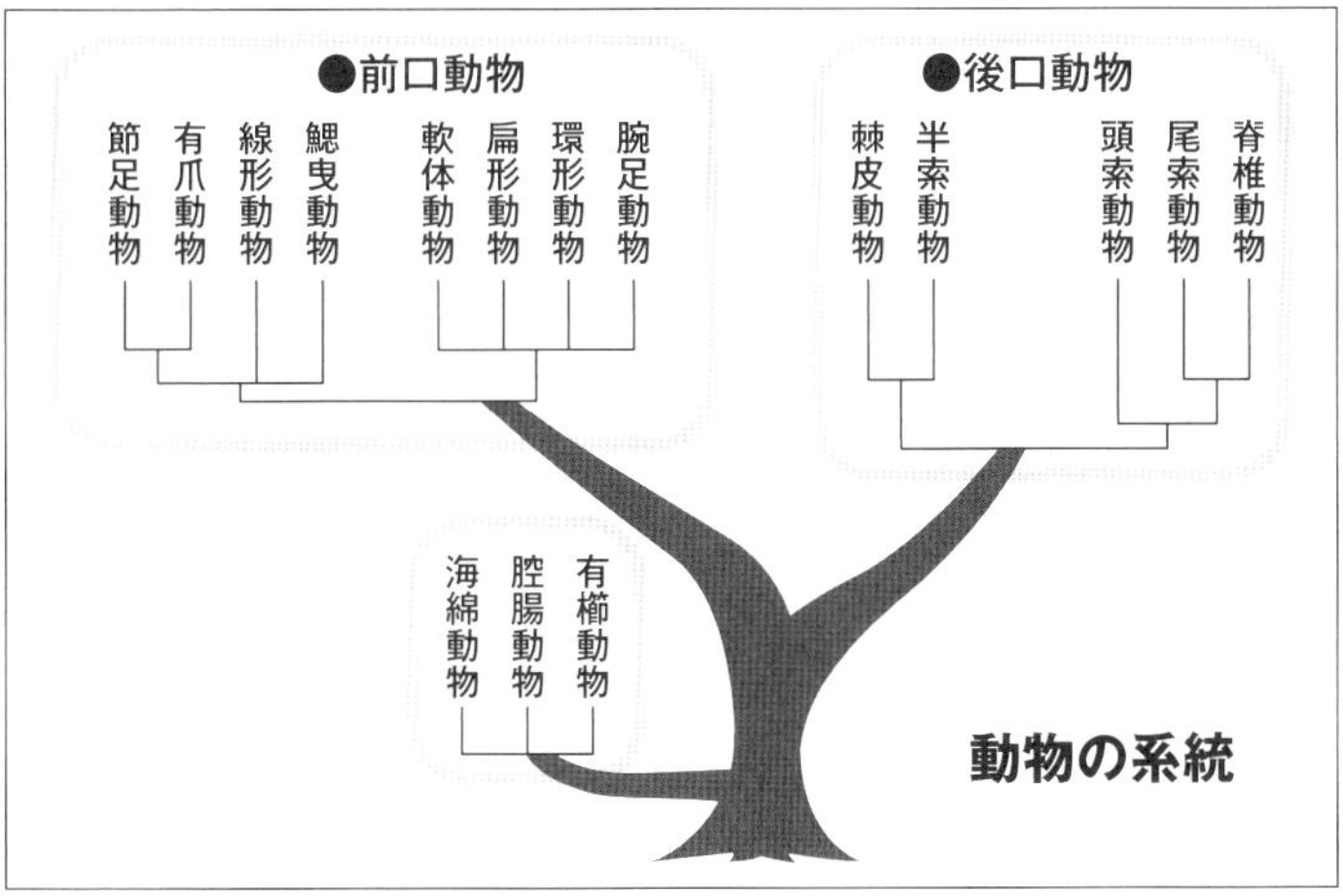

ホヤの成体は海底の岩などにくっついていて、ほとんど動かないので、動物のようには見えないのですが、幼生はオタマジャクシにそっくりです。背骨はありませんが、背骨の原型である脊索を持っているので、脊椎動物にとても近い生物といえます。以前はナメクジウオなどが属する頭索動物のほうが、尾索動物よりも脊椎動物に近いとされていました。しかし、最近のゲノム解析から、尾索動物のほうが後で枝分かれしたことが明らかになりました。

何を重視するかで分類法が変わる

ここからは、植物の分類に関する話をしていきましょう。まず、大まかに説明しますと、植物とは「酸素発生型の光合成を行う生物」のことです。植物は陸上における光合成の担い手で、「コケ植物」「シダ植物」

「種子植物（裸子植物・被子植物）」に分けられます。シダ植物と種子植物は維管束（根・茎・葉を貫く水や養分の通路）を持ちますが、コケ植物にはありません。また、陸上植物のうちコケ植物とシダ植物は胞子によって繁殖しますが、裸子植物と被子植物は種子を使って増えていきます。

酸素発生型の光合成を行う植物は、細胞内に「葉緑体」という細胞小器官を持っています。葉緑体とは「葉緑素（クロロフィル）」を含む色素体で、光合成はこの葉緑体の中で行われるのです。この葉緑体は、一般的には緑色をしています。このため、ほとんどの植物は緑色をしていますので、外見で動物と間違えることは、ほとんどないでしょう。では、キノコやカビ、酵母などは、動物なのか植物なのか――これらの生き物は動物ではありませんが、かといって植物にも分類しにくいのです。

キノコやカビの仲間は他のものを腐らせて、そこから栄養を得る――つまり、栄養分を体外で分解して、それを吸収しているのです。このような生物を「菌類」といいます。菌類は細胞壁を持ち、胞子をつくることから、昔の日本の分類法では植物と考えられていました。しかし、植物とは栄養の取り方が違うことから、現在は独立した生物群として扱われています。

二酸化炭素・水などの無機物から生存に必要な有機物を合成できる（これを「独立栄養」といいます）植物と、他の生物がつくった有機物から栄養を吸収する（これを「従属栄養」と呼びます）菌類――栄養の取り方から分類していくと、動物・植物の他に菌類が存在することになるのです。このように生物の分け方は、何を重要視するかによって分類法が変わってきます。

また、ミドリムシ（ユーグレナ）は、「葉緑体を持っているけれど、動き回る」という植物と動物の特徴を併せ持った生物です。植物学者はミドリムシ植物門のミドリムシ藻類に、動物学者は原生動物門のミドリムシ類に分類するなど、ごく最近まで動物か植物かの決着がついていませんでした。このように、地球にはどこに分類していいのかよくわからない生物が存在します。こうしたよくわからない生物は「原生生物」に分類され、動物界や植物界、菌界とはさらに別のグループになっています。

そして、さらによくわからない生物が「細菌」です。細菌には、納豆菌、大腸菌、乳酸菌など、さまざまな種類が存在しますが、姿や形の似ているものが多く、外見から区別するのは困難です。では、いったいどのように分類されているのでしょうか。

分類学には界よりも上層に、最高ランクの階級として「ドメイン」というものがありま

生物の分類階級

階級	ヒトの場合
ドメイン	真核生物
界	動物界
門	脊索動物門
綱	哺乳綱
目	霊長目
科	ヒト科
属	ヒト属
種	ヒト

す。このドメインの分類法に対してもいくつかの説がありますが、現在主流となっているのが、生物を「真核生物」「真正細菌」「古細菌」の三つに分ける「三ドメイン説」です。

動物・植物など、これまで紹介してきた生物はすべて真核生物ドメインに属します。真核生物は、細胞の中に核・ミトコンドリア・葉緑体など、膜で包まれたさまざまな小器官を持つ生物です。一方、細菌と呼ばれる生物は、真正細菌ドメインに属する生物のことです。真正細菌は核膜を持たない「原核生物」の一つで、DNAがほとんど裸のままで詰まっています。つまり原核生物は、細胞の構造の違いから真核生物と区別されていることになります。

古細菌も真正細菌と同じく、原核生物に属する生物です。細菌などの真正細菌とは区別されていて、メタン生成菌、高度好塩菌など一〇〇種類以上も存在することがわかっています。従来の生物の分類法は、動物界、植物界に原核生物界、原生生物界、菌界の三つを加えた「五界説」が主流でしたが、近年、古細菌が発見されたことにより、ゲノム（遺伝情報の総体）の進化の違いを反映した三ドメイン説が用いられるようになってきました。つまり、まず三つのドメインがあり、その中の「真核生物」がいくつかの「界」に分かれていることになります。

自然選択説のエッセンス

ここまで「分類」ということを軸に、地球の生物の世界を見てきました。最初は見た目などから判断していた分類法が、解剖学や発生学、分子生物学などさまざまな研究成果を用いることで、より詳しく生物の進化の流れを表せるようになったのです。

さて、その生物の進化について言及した最も有名な人物の一人に、ダーウィンがいます。彼が一八五九年に発表した『種の起源』は、生物の多様性を科学的に説明し、進化という概念を確立しました。

この『種の起源』には次のような一節が書かれています。「生存可能な数よりも多くの子孫がそれぞれの種から生まれる。そのため、生存のための競争が頻繁に繰り返される。その結果、複雑かつ時々変化する生存条件の中で、もしほんの少しでも何らかの点で有利であるような個体があると、その個体にはより大きな生存の機会が生じ、その結果、その個体は自然によって選択されることになる。強力な遺伝の仕組みにより、選択された個体の持つ変化した新しい性質は広がっていくことになる」。

この文章には「自然選択説」のエッセンスが凝縮されています。自然選択説の内容を簡単にまとめると、以下のようになります。

1 限られた資源
2 生物の多産
3 変異の存在
4 最適者の生存
5 自然による選択

生物がすべて同じ個体のときは何も起こらないが、変異によって少しだけ異なった種が現れると、その中の最適者が生き残る――つまり、自然によって選択されるのだといっています。このエッセンスの中で一番誤解されているのが「適者生存」の概念です。よく、進化を説明するのに「弱肉強食」という言葉が使われますが、ダーウィンは自然選択をそのような言葉で説明したのではありません。もちろん、ある生物が他の生物を食べるということはありますが、それは決して「強者が弱者を滅して栄える」ということではありま

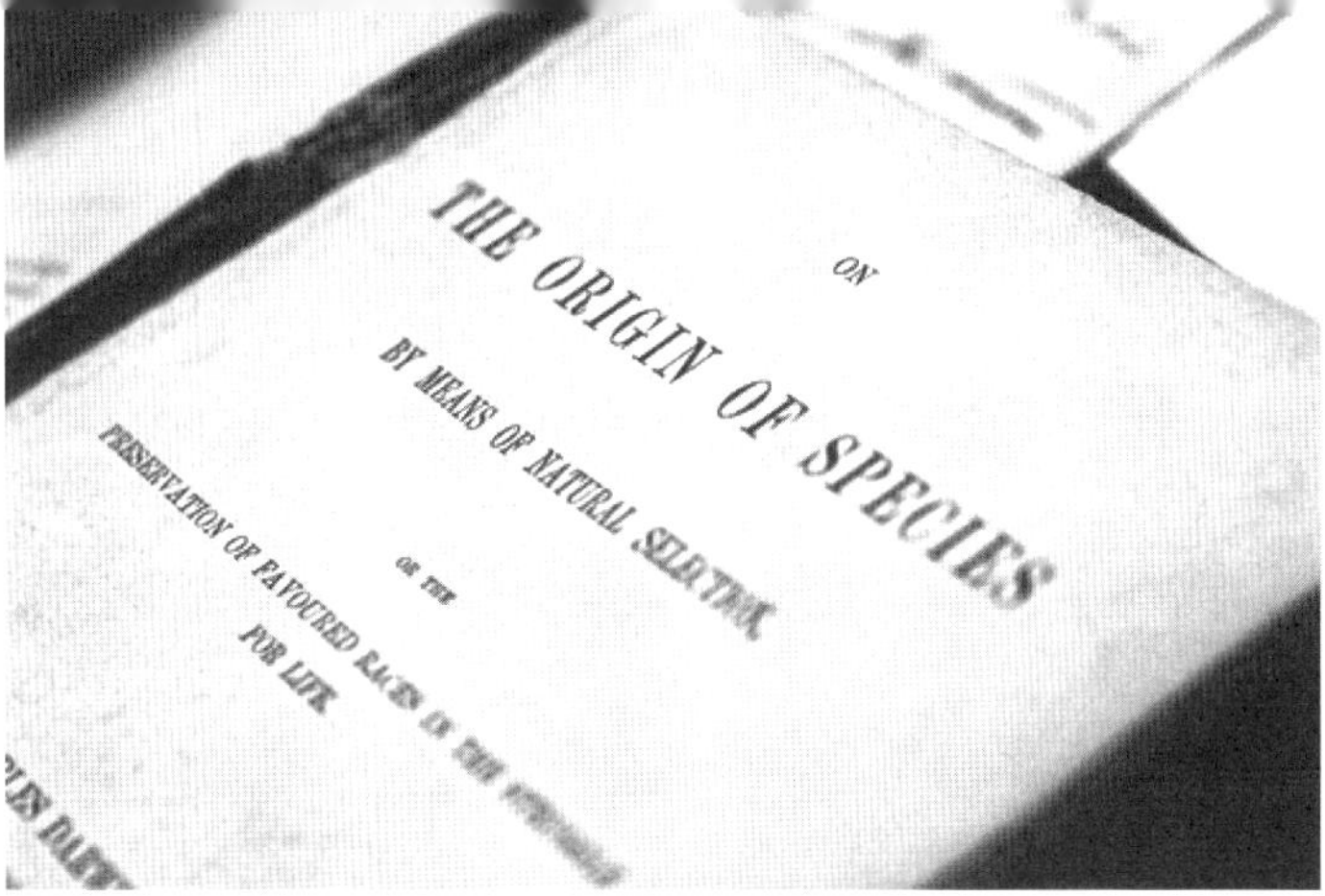

1859年に発行されたダーウィンの『種の起源』。生物は自然淘汰の過程を経て適者が生存し、それが蓄積されることで進化していくと唱えた。進化論の最も重要な古典。

せん。

例えば、ナマケモノも最適者として生存している動物の一種です。ナマケモノは中南米の熱帯雨林に棲む、貧歯（ひんし）目の哺乳動物です。多様な捕食動物が生息する熱帯雨林において、ナマケモノは栄養価の低い木の新芽や葉だけを食べていても生き残れるよう、「なるべくエネルギーを使わずに生きる」という戦略を採用しました。そして、地上の哺乳動物たちが「より速く、より大きく、より強く」と激しく争っているのを尻目に、生き延びることに成功したのです。そういう意味では、熱帯雨林という環境に適応できた生物といえます。

自然選択説というと「生存競争」というイメージが強いですが、競争ではなく「共生」を選んだ生物もたくさんいます。有名な例では、テッポウエビとハゼの仲間は一緒の巣に棲んで外敵から身を守っています。

また、クマノミは敵に襲われないように毒を持つイソギンチャクのいる場所を住処にし、その代わりにイソギンチャクはクマノミの食べた魚のおこぼれを栄養にするという共生関係が築かれています。このような共生関係をつくり出すことで、生物はその環境の中で最適者として生存しているのです。

適応進化と収束進化

ダーウィン型進化というのは、「ある個体からたくさんの変異種が誕生して、その中から適者が生存することで進化が起きる」というものです。これを繰り返すことで、だんだんと個体の形態などが変わっていきます。ただ、ダーウィンが言ったように「徐々に変化し、最適化していく進化」の例は、実はあまり発見されてはいないのです。

数少ない発見例の中で、最もわかりやすいのは「ウマの進化」です。もともとウマの祖先は、森林に棲む犬ほどの大きさの体の小さい動物でした。ところが時代が経過するうちに、どんどん体が大きくなってきたのです。あごや歯も大きくなり、指も最初は複数ありましたが次第に退化していき、今では真ん中の指しか残っていません。現在のウマは大きな蹄を持っていますが、実は中指一本で立っているのです。

ウマは進化して草原で暮らすようになりました。草原は森林と違って、隠れる場所がほとんどありません。どうせ隠れられないのなら、速く走れたほうが生き残りやすい――だから速く走るためにつま先立ちになるものが進化したのです。このように、自分の生活環境で最適者として進化していくことを「適応進化」といいます。

一方、進化にはもう一つの性質があります。同じような環境で暮らしている動物は、系統が違っても似たように進化する――このような進化を「収束進化」といいます。例えば、オーストラリアの固有種である有袋類のフクロアリクイと、中南米の有胎盤類のアリクイは、生物種は違えども食性は同じです。すると、体の色や形が似てきます。また、魚類のサメと哺乳類のイルカの形が似ているのも、収束進化の一つです。

空白地帯を埋める適応放散

ダーウィン型進化の大きな柱は、「一つの種から、さまざまな種が発生する」ということです。そして、「さまざまな種が生まれてくるプロセス」が一気に起こることを「適応放散」といいます。適応放散の有名な例は、ガラパゴス諸島で発見された「ダーウィンフィンチ」です。ダーウィンはガラパゴス諸島で、たくさんの鳥を発見しました。最初、これらの鳥はあまりにもさまざまな姿をしていたので、たくさんの種類の鳥であろうという程度の理解でした。ダーウィンはその重要性には気がつかなかったので、ガラパゴスのいくつかの島で採集した鳥の標本をごっちゃにしていました。その後、別の研究者によってダーウィンのフィンチが詳しく調べられました。そしてダーウィンは、「島ごとに違った環境に、鳥がだんだんと適応していった」ということに思い至ったのです。

現在では、ダーウィンのフィンチは詳しく調べられて、一種類の鳥が餌の種類や棲む場所に応じて、多くの種類に分かれていったことが明らかになっています。たとえば、地上で地面に落ちた植物の種を食べるフィンチは固い種を食べるため、太く短いくちばしを持ち、昆虫の幼虫を木からほじくり出して食べるフィンチは細長いくちばしを持っています。

このような適応放散が起きたのは、ガラパゴス諸島が「太平洋の真ん中にある」という地理的な要因が大きく影響しています。海によって隔離されていたので、他の動物はめったに来ることができず、フィンチと競争する鳥が存在しなかったのです。その結果、さまざまな種に分かれていったのだと考えられています。

地球上では、過去に大規模な適応放散が起こりました。今から約五億四二〇〇万年前のカンブリア紀に入った頃、動物種が急激に増え、動物の多様性が爆発的に進んだのです。

ダーウィンの進化論に影響を与えた「ダーウィンフィンチ」。
①オオガラパゴスフィンチ、②ガラパゴスフィンチ、③コダーウィンフィンチ、
④ムシクイフィンチ(『ビーグル号航海記』より)。

この現象を「カンブリア爆発」といいます。これによって、現存する動物門のほぼすべてが出そろいました。「このカンブリア爆発により、地球上で大規模な適応放散が起こった」と、現在では考えられています。

しかし、なぜこの時期に、多様な生物が多数出現するカンブリア爆発が起こったのでしょうか。その理由は、少し前の時代にありました。

原生代の終わり頃に、地球全体が凍りつく「全球凍結（スノーボールアース）」という現象が起こったことが、最近の研究からわかっています。地球全体が凍ってしまうと、どうなるか——生命は厚い氷に閉じ込められ、大規模な絶滅が起こります。すると、地球の広

い範囲で「生命の空白地帯（ニッチ）」が生まれました。全球凍結が終わるとその空白を埋めるような形で、多様な生物が誕生した——それがカンブリア爆発の起こった要因と考えられているのです。

まだあまりよくわかっていない大量絶滅

地球の生命の歴史を振り返ってみると、繁栄と絶滅が繰り返し起こっています。地層を調べてみた結果、地球に生命が誕生してから現在までの間に、少なくとも五回は大量絶滅が起こったことがわかりました。大量絶滅が発生するたびに、今まで繁栄してきた生物がいなくなり、空白地帯に新しい生物が広がっていく——つまり、大量絶滅が進化を一気に進めたのです。

この、特に規模の大きな五回の絶滅イベントは、「ビッグファイブ」と呼ばれています。五回の大量絶滅のうち、現在から最も近い時期に起こったのは、今から六五五〇万年前の白亜紀末です。この時代は地質年代区分の用語で、白亜紀(Kreide)と古第三紀(Paleogene)の地層の境目に相当することから、「K－Pg境界（以前は「K－T境界」）」と呼ばれています。恐竜などの大型爬虫類が絶滅したことで知られ、一説によると地球上の全生物種の

地球の歴史

年代（年前）	主な出来事	主な時代区分	
46億年前	地球の誕生	冥王代	
40億年前			
38億年前	生命の誕生	太古代	
25億年前			
22億年前	全球凍結	原生代	
20億年前	真核生物の誕生	原生代	
12億年前	多細胞生物の誕生	原生代	
7億年前	全球凍結	原生代	
6億年前	全球凍結	原生代	
5億4200万年前			
	カンブリア爆発	カンブリア紀	古生代
4億8830万年前			
	魚類の登場	オルドビス紀	古生代
4億4370万年前			
	植物の上陸	シルル紀	古生代
4億1600万年前			
	両生類の出現	デボン紀	古生代
3億5920万年前			
	爬虫類の出現	石炭紀	古生代
2億9900万年前			
	超大陸パンゲアの形成	ペルム紀	古生代
2億5100万年前			
	恐竜の出現	三畳紀	中生代
1億9960万年前			
	生物の大型化	ジュラ紀	中生代
1億4550万年前			
	恐竜の繁栄と絶滅	白亜紀	中生代
6550万年前			
	哺乳類の繁栄	古第三紀	新生代
2303万年前			
	ヒトの祖先の出現	新第三紀	新生代
258万8000年前			
現代	人類の時代	第四紀	新生代

七〇パーセント以上が死滅したといわれています。

K－Pg境界の大量絶滅よりも前に起きた四回の大量絶滅の原因はほとんどわかっていませんが、その中の一つは激しい温度変化や酸素の欠乏によって引き起こされたものだと考えられています。いわば、地球活動の変化によって起こったのです。一方、K－Pg境界の大量絶滅の原因は、それとは異なります。巨大な隕石が衝突したせいで、地表の環境に激しい変化が生じたというのです。

巨大隕石衝突説の根拠となっているのが、メキシコのユカタン半島で発見された直径一八〇キロメートルもある、巨大な「チチュルブ・クレーター」です。このクレーターができた時代の地層には、高濃度のイリジウムが含まれていました。イリジウムは隕石の元となる小惑星にたくさん含まれている元素で、もちろん地球にも存在します。しかし、地球のイリジウムはほとんどが中心部分の核に移動してしまい、地表にはあまり残っていません。地表の他の場所と比べて、このクレーターのイリジウム濃度は異常ともいえるくらい高いものだったので、巨大隕石が衝突したのだと考えられているのです。

ただ、巨大隕石が衝突したことは確かなのですが、それによって直接大量絶滅が引き起こされたとは必ずしもいえません。隕石が衝突して津波が起こることがあっても、それが地球全体にまで影響を及ぼし大量絶滅につながるとは、考えられないからです。

現在、隕石がぶつかったことで全地球的に起こった現象として可能性が高いと考えられているのが、「隕石の衝突により巻き上げられた大量の塵が空を覆い、数カ月間暗闇になってしまった」という説です。そうすると植物が枯れてしまいますから、その植物を餌としている動物も死んでしまいます。その他にも「隕石がぶつかった影響により山火事が起こった」「衝突地点が硫酸塩岩を多く含む地帯だったので、硫黄が大気中に舞い上がり大量の酸性雨が降った」などとする説もあります。

白亜紀の恐竜が絶滅した理由としては、恐竜があまりにも環境に適応しすぎてしまったことが考えられます。平常時は環境に適応することが、繁栄をもたらすことにつながりますが、気候などが急激に変化すると、以前の環境に馴染んでいた生物ほど新しい環境についていけず、絶滅に追い込まれてしまうのです。

その状況で生き残れるのは、以前の環境には完全に適応しきれていなかった生物たちです。そういった生物は、急変した環境に適応するだけの余地を残しています。だから、気候などが急激に変化しても、その環境に適応できる可能性を持っているのです。そういう意味では、環境に対して完全に適応するよりも、さまざまなことができるだけの余裕を残した生物のほうが、環境変化の中を生き残るのには有利なのかもしれません。

陸上生物は何に適応してきたのか

これまで地球に誕生した生物は、繁栄と絶滅を繰り返してきました。繁栄する生物と絶滅してしまう生物――その違いは、いったいどこにあるのでしょう。

例えば、脊椎動物で最初に陸上への進出を果たしたのは両生類ですが、その後、爬虫類が繁栄していきます。両生類と爬虫類では何が違ったのか――それは「乾燥への適応」です。陸上への進出には、乾燥に対して強くなることが求められます。両生類は卵が乾燥に強くなかったうえ、幼体時にはえら呼吸をし、成体でも皮膚呼吸に依存していました。つまり両生類は、水と縁を切ることができなかったのです。

それに対して爬虫類は、肺での呼吸の能力が格段に上がりました。その結果、皮膚呼吸の必要がなくなり、表皮に鱗を採用して乾燥に強くなったのです。また、卵を殻で覆うことで、水のない場所でも新しい生命を育てることが可能になりました。こうして爬虫類は水辺から離れることができるようになったのです。

では、中生代に絶滅してしまった恐竜と、現在の地球上で繁栄している哺乳類では何が違うのか――最も大きな違いの一つとして挙げられるのは、「歯の形」です。

恐竜の歯は鋭い円錐形をしています。だから、相手に噛みついて肉を引きちぎることは得意なのですが、その肉を細かくすることまではできません。肉を引きちぎったらそのまま飲み込むしかなかったのです。それに対して、哺乳類は臼のような「臼歯」を持っているので、引きちぎった肉をすりつぶすことができました。食料を細かくすりつぶしたほうが、効率よく体の中に栄養として取り込める――これが哺乳類の繁栄を生んだ要因の一つと考えられています。

環境に効率よく対応してきたもの――とりわけ乾燥に対して適応できた動物ほど、陸上での活動範囲を広げていきました。そして、このことは植物にも当てはまります。胞子によって増えるコケ植物やシダ植物は、水がないと受精できません。ですので、水辺や湿地帯から、あまり離れることができないのです。それに対して、裸子植物や被子植物といった種子植物は「種子」によって子孫を残す仕組みですので、乾燥にもより耐えられるようになっています。そのため地球上では現在、種子植物が繁栄しているのです。

この章では、まず地球に棲むさまざまな生物を分類しました。分類にはさまざまな指標が使われています。分類することによって、生物が進化する様子が明らかになってきました。今では、生物の分類は生物の進化の跡をたどって分類するという決まりになっていて、この分類法は系統分類とも呼ばれています。

生物は自然選択によって進化して来ましたが、その様子はさまざまです。環境が変化するとそれに対応した適応進化が起きます。同じような環境だと、まったく別の種類の生物が似たような形態になる収束進化が起こります。そして環境が急激に変化すると、変化に適応できない種の大量絶滅が起き、その大量絶滅で空白となった地帯には、適応放散でさまざまな種が一度に誕生します。私たちは「何回もの大量絶滅と適応放散を経てきた、さまざまな生物」の中で生きているのです。

第四章
生命はどこで生まれたのか

三八億年前の地球最古の生物の証拠

この章では、「地球最初の生命は、どのようにして生まれたのか」について、説明していきましょう。第一章で私は、「地球は今から約四六億年前に生まれた」とお話ししました。誕生後間もない頃の地球の表面はマグマの海で覆われていて、生命が存在できるような環境とはいえません。しかし、時間の経過とともに環境が変化し、今から三八億年ほど前には、生命が誕生していました。

ただ、この「生命が誕生した年代」については、地球上に残っている証拠が少ないこともあり、なかなかはっきりとしたことはいえません。しかし、地質学の調査により「少なくとも、三八億年ほど前には存在していたのではないか」とされる、生命の痕跡が見つかりました。

その生命の痕跡が見つかったのは、北西グリーンランドの内陸部にあるイスアというところです。このイスアには、約三八億年前につくられた岩石が存在します。生物の痕跡は、この岩石の中に含まれている「炭素の粒」に刻まれていたのです。

炭素同位体の割合が生物の存在を裏づける

地球上の物質は元素でつくられていて、その数は現時点で一一八種類に分類されています。そして有機物には、必ず炭素が含まれている――ただし、三八億年前の岩石に炭素の粒が含まれていたからといって、それがすぐに「生物が存在していた」という証拠にはなりません。ダイヤモンドや鉛筆の芯に使われている黒鉛など、炭素からつくられている無機物も、地球には数多く存在しているからです。

一つひとつの元素には重さがあって、それは「原子量」という数値で示されています。代表的な炭素の原子量は一二（^{12}C）ですが、実はそれ以外にも、自然界には原子量一三（^{13}C）と原子量一四（^{14}C）の炭素が存在するのです。同じ元素なので、性質はほとんど同じなのですが、原子量が違うと反応性がほんの少し変化します。このような「同じ元素でも原子量が違うもの」を、同位体といいます。

自然界に存在する炭素同位体を存在比で比べてみますと、ほとんどが炭素一二で、その比率は九八・九三パーセントです。炭素一三は一・〇七パーセントしかなく、炭素一四にいたっては、〇・〇〇〇〇〇〇〇〇〇一パーセント以下と、ごくわずかな量しか存在していません。炭素一二と炭素一三の自然界における比率はほとんど一定なのですが、古い岩石――約三八億年前の岩石を調べたところ、炭素一二に対する炭素一三の割合が低い炭素の粒が存在していました。「そんなことで何がわかるのか」と思われるかもしれませんが、この同位体の存在比率の違いを調べることで、その時代に生物が存在したかどうかを確かめることができるのです。

炭素の安定同位体である炭素一二と炭素一三のうち、生物は選択的に炭素一二のほうを多く取り込みます。これは、重い炭素一三よりも軽い炭素一二のほうが、効率よく生物の持つ酵素と反応できるからです。だから、炭素一二が濃縮された太古の堆積岩が見つかれば、その時代には何かしらの生物が地球上に存在していたといえるのです。

この地球上に最初の生命がいつ誕生したのかは、まだはっきりとはわかりません。しかし、地球ができてから四〇億年前までは隕石が降り注いでいて、生命が誕生したとしても絶滅してしまった可能性が高いでしょう。つまり生物は四〇億年前から三八億年前の間のどこかで誕生し、急激に増えていったと考えることができるのです。

また、西オーストラリアのピルバラ地域の岩石からは、三五億年ほど前のものと思われる「微生物の化石」が発掘されています。この化石を発見したアメリカ・カリフォルニア大学のショップ教授は、「化石の微生物は、地球上に大量の酸素をもたらした『シアノバクテリア』ではないか」と考えました。しかし、その後この化石が見つかった地域の地質を詳しく調べたところ、三五億年前のこの場所は深海底だったことがわかりました。シアノバクテリアは、光合成により酸素を発生させます。つまり、基本的には浅瀬に生息している生物なのです。

では、この三五億年前の化石の正体は、いったい何なのでしょうか。可能性としては、硫黄を酸化させる「硫黄酸化細菌」が考えられます。これは、無機硫黄化合物を酸化して得られるエネルギーによって活動する細菌です。このような生物は、現在でも硫黄の化合物が大量に噴出する深海底の熱水噴出孔付近から発見されています。

他にも、硫化水素を酸化してエネルギーを得る「非酸素発生型の光合成菌」ではないか、または「硫酸還元菌」や「メタン生成菌」ではないかといった意見も出ています。しかし、どの意見に対しても、決定的な証拠はなく、この細胞の化石が何の生物なのかは、いまだにはっきりとしていません。

生物はスープの入った革袋?

今から約三八億年前に誕生した地球最初の生物は、いったいどのようにして生まれたのか。それを考える前に、まずは「生物とは、どのようなものからつくられているのか」を、おさらいしておきましょう。九七ページの図は、大腸菌の分子組成を示しています。この比率は、大腸菌だけでなく、ヒトであっても変わりません。これを見ると、「生物はほとんど水とタンパク質からつくられている」ことがわかります。つまり、生物とは「たっぷりとスープ(タンパク質水溶液)の入った革袋」だったのです。

水は化学的に見て、非常に不思議な性質を持った化合物です。特徴としては「さまざまな物質を溶かし込むことができる」こと、それと「比熱が大きい」ことが挙げられます。比熱とは、一グラムの水の温度を一度だけ上げるのに必要な熱量のことです。

通常、分子量の小さい分子の沸点・融点は、分子量の大きい分子よりも低くなります。しかし、酸素原子一つに水素原子二つが結合した小さな分子である水は、摂氏一〇〇度という高温にならないと沸騰しません。水の比熱は、常温・常圧の液体ではあらゆる物質の中で最も大きいのです。

大腸菌の分子組成

成分	重量(%)
水	70
タンパク質	15
核酸	7
炭水化物	4
無機物	1

また、ふつうの物質は、気体・液体・固体の順にだんだんと体積が小さくなるのですが、水の場合は液体のときに最も体積が小さくなります。もう少し詳しくいうと、だいたい摂氏四度くらいで体積が最小になるのです。液体よりも固体の体積のほうが大きい――これは、「氷は水に浮かぶ」ということを意味しています。当たり前のように思えるかもしれませんが、他の物質ではこういうことはありません。このような変わった性質があるからこそ、水は生命を育むことができました。そして水の存在は、もう一つの生物の主要な材料である「タンパク質の形成」にも重要な働きをしているのです。

第一章でお話をしましたが、「生命の定義らしきもの」の一つに、「代謝をしている」という条件がありました。この代謝を担っているのがタンパク質です。タンパク質はすべての生物が持つ重要な高分子化合物の一つで、アミノ酸が多数連なってつくられています。アミノ酸には水に溶けやすい「親水性」のものと、水に溶けにくい「疎水性」のものがあり、親水性のアミノ酸は水と接する外側に、疎水性のアミノ酸は内側にくるような形で立体構造をつくります。このアミノ酸の組み合わせによって、タンパク質のさまざまな性質が決定されるのです。つまり水があることで、タンパク質の構造と機能が生まれるといえます。

さらに「生命の定義らしきもの」の一つに、「膜に囲まれている」という条件がありました。この膜をつくっている物質が脂質です。脂質にはやはり水に溶けやすい「親水性」の部分と、水に溶けにくい「疎水性」の部分があり、親水性の部分は水と接する外側に、疎水性の部分は内側にくるような形で立体構造（革袋）をつくります。この革袋の中に、スープ（タンパク質溶液）が入ります。このように、脂質の膜をつくり、タンパク質がそれぞれの機能を発揮するために欠かせない水は、生命をつくる根幹の物質といえるのです。

「化学進化」の提唱者オパーリンと、ミラーの実験

生命は、脂質の袋に包まれたタンパク質溶液である――このように考えていくと当然、「そのタンパク質、そしてその材料であるアミノ酸は、どのようにしてできたのか」という疑問が湧いてきます。

そもそも生命が誕生するよりも前の話として、まず生命を構成するための有機化合物が、

アメリカの化学者スタンリー・ミラーは、シカゴ大学の大学院生時代に行った「ミラーの実験」により、原始地球の環境で有機物が生成されるかもしれないということを示した。

無機化合物からつくられなくてはなりません。このような、「原始地球上において無機化合物から有機化合物がつくられ、やがて生命が出現する」までの物質の進化のことを、化学進化といいます。

この化学進化の概念を提唱したのは、ソ連の生化学者アレクサンドル・オパーリン（一八九四～一九八〇年）です。オパーリンは、「生物が誕生するより前に、生物を構成する有機物がつくられる化学進化の過程がある」と考えました。

化学進化説が注目されるようになったのは、アメリカの化学者スタンリー・ミラー（一九三〇～二〇〇七年）の行った実験によるところが大きいでしょう。彼はカリフォルニア大学の大学院生だった一九五三年に、初期の地球大気の成分だと考えられていたメタン、アンモニア、水素、水をガラスのフラスコの中に入れ、六万ボルトの高圧電流を放電する実験を行いました。その結果、無機物からグリシン、アラニン、アスパラギン酸、グルタミン酸といった、現在の生物にも利用されているアミノ酸の合成に成功したのです。この「ミラーの実験」は、化学進化説の最初の実証実験として知られています。

ミラーはこの実験によって、メタンやアンモニア、水などから、まずホルムアルデヒド、シアン化水素がつくられると考えました。そして、ホルムアルデヒドやシアン化水素が水の中で反応することで、アミノ酸がつくられ、だんだんと大きな分子につながっていくという化学進化の最初のシナリオができたのです。

ミラーの実験では雷のような電気エネルギーを利用したわけですが、地球には雷の他にも宇宙から降り注ぐ宇宙放射線、太陽からやってくる紫外線、火山の噴火などのエネルギー源が存在します。このミラーの実験以降、生命発生の過程を実験的に検証する試みが各地で行われるようになり、「地球上で起こるさまざまな自然現象をエネルギー源として、無機物からたくさんの有機物がつくられていった」という考えが広まりました。

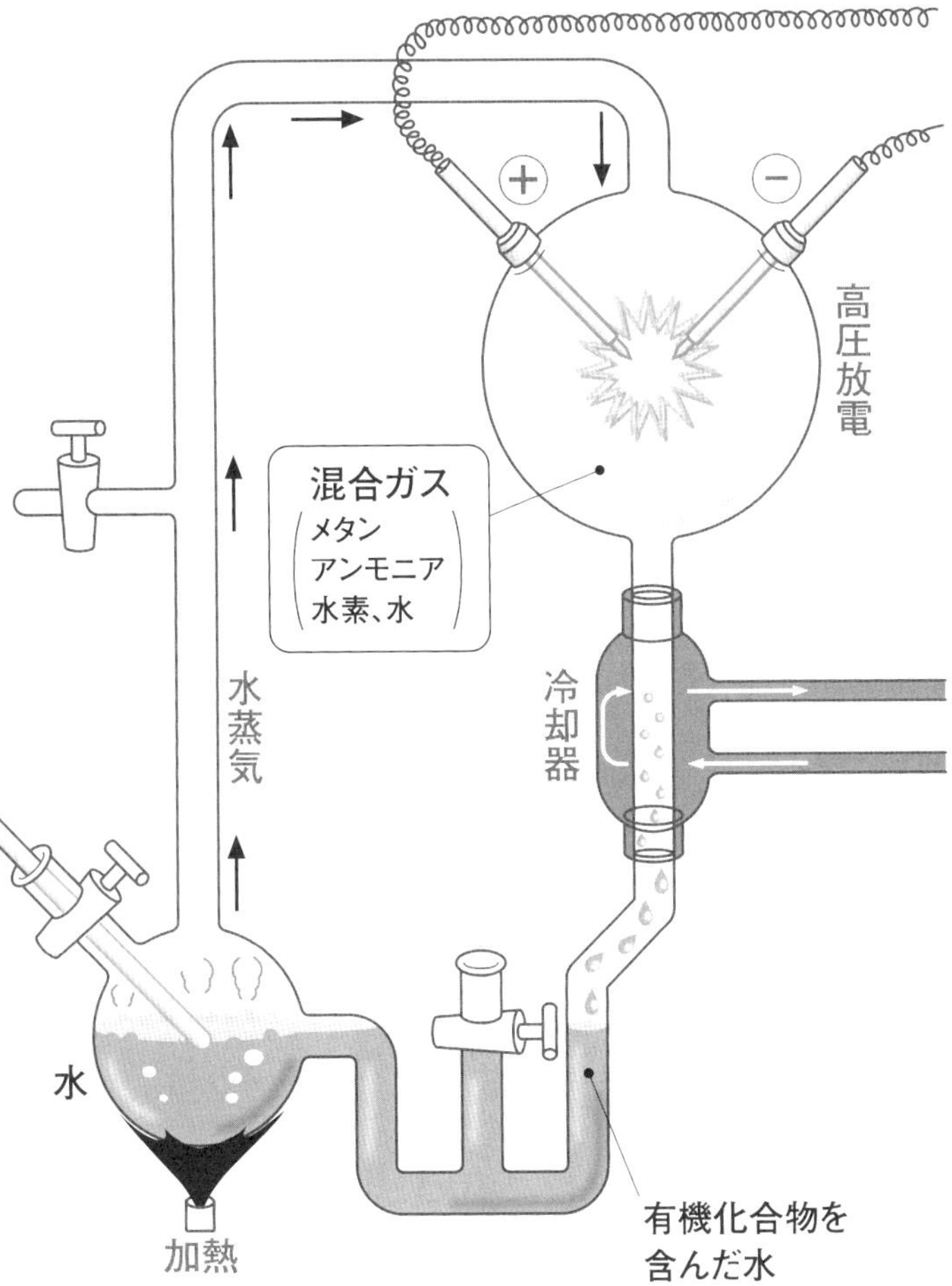

「生命の起源」に関する生物学史上最初の実験的証明である「ミラーの実験」。
6万ボルトの高圧放電を1週間続け、アミノ酸の合成に成功した。

化学進化では解けない謎

確かに、アミノ酸を実験によって合成することは可能なのですが、生命をつくるにはもう一つ、必要な物質があります。それは「糖」です。ミラーの実験では糖——その中でも特に重要な、DNAやRNAの骨格となる「デオキシリボース」や「リボース」といった糖をつくるのは難しいのです。デオキシリボースやリボースがなければ、遺伝情報を伝えるDNAやRNAをつくることはできません。つまり、ミラーの実験だけでは「地球でつくられた有機化合物だけで、生命が生まれた」とは言い切れないのです。

ちなみに一九五三年は、生命科学にとってもう一つ、非常に大きな発見があった年でした。それはアメリカの分子生物学者ジェームズ・ワトソン（一九二八年〜）とイギリスの分子生物学者フランシス・クリック（一九一六〜二〇〇四年）による「DNAの二重らせん構造」の発見です。この発見により、「遺伝子の正体はDNAである」ことが明らかになり、その後の分子生物学の発展に大きな影響を与えました。

DNAについては次の第五章で詳しく解説しますが、ここでも少し説明しておきましょう。DNAと遺伝子は、よく混同されるのですが、DNAとは「デオキシリボ核酸」の略

DNAの二重らせん構造を発見した、
ジェームズ・ワトソン（左）とフランシス・クリック（右）。

称で、遺伝子の本体と呼ばれる核酸の一種です。そして遺伝子は遺伝形質を形成する因子で、タンパク質のつくり方を記録しているDNA上の特定領域を指します。

DNAをつくるにはデオキシリボースなどの糖が必要ですが、化学進化では糖がどのようにしてできるのか解明されていません。しかも、化学進化の出発点だったミラーの実験からして、その後大きな誤りが指摘されています。

先ほど説明しましたが、ミラーは原始地球の大気成分と考えられていたメタン、アンモニア、水素、水を使って、たくさんの有機物をつくりました。しかし、「初期の地球は、ミラーが考えていたような環境ではなかったのではないか」――つまりミラーの想定した大気の成分とは違うという考えが、主流になってきたのです。

ミラーが考えていた初期の地球の大気は、メタン・アンモニア・水素などを含んでいる強還元型の大気でした。このような組成にしたのは、ミラーの先生であるハロルド・ユーリーが研究していた土星の衛星タイタンにはメタンが多く含まれているので、「原始地球の大気は、メタンなどをたくさん含んだ強還元型だったのではないか」と考えたからでした。ちなみに還元とは、「酸素を失う」「水素と結合する」「電子を得る」反応のことをいいます。それに対する酸化は、「酸素と結合する」「水素を失う」「電子を失う」反応です。一般的に、メタン・アンモニア・水素を主成分とする大気を「還元型大気」、窒素・二酸化炭素・水を主体とする大気を「酸化型大気」と呼びます。

しかし、時代が進むにつれて、地球の大気は星間ガスを取り込んだのではなく、「地球がつくられる過程において、地球内部から発生してきたのではないか」という考え方が出てきました。地球の内部から発生したと考えると、原初の地球大気は、二酸化炭素、窒素、水蒸気などを多く含む――これらの成分に一酸化炭素、メタン、水素などがわずかに含まれた――弱還元型の大気だったことになります。

このような弱還元型の大気で放電実験を行っても、アミノ酸をつくることはできません。つまり、弱還元型の大気が主成分になってくると、生物の材料となる有機物を地球でつくるのは難しくなってしまうのです。

弱還元型の大気から、有機物がつくられる可能性

ただ、初期の地球大気が弱還元型だからといって、有機物が地球上でまったくつくれないというわけではありません。その後、弱還元型の大気でも、アミノ酸などの有機化合物を合成できるかどうかの実験が進められました。その結果、大気の中に一酸化炭素が少しでも含まれていれば、放電よりもエネルギーの高い「陽子線照射」によってアミノ酸へと変化する化合物がつくられることがわかったのです。

陽子線というのはあまり聞いたことがないと思いますが、簡単にいうと「水素原子をイオン化したビーム」のようなものです。水素原子はこの宇宙で最も豊富に存在する物質で、この宇宙を飛び交う宇宙放射線の主要な構成粒子の一つでもあります。つまり、宇宙からやってくる高エネルギーの宇宙放射線が大気に作用することで、弱還元型の大気でもアミノ酸をつくり出すことができるのです。

また、隕石衝突時の高温プラズマ状態においても、一酸化炭素、窒素、水蒸気といった成分の大気からアミノ酸がつくられることもわかってきました。このように、弱還元型の大気でも、主成分の窒素をイオン化できるだけのエネルギーさえあれば、アミノ酸をつくることは可能なのです。

生命の共通祖先探し

生命誕生の謎を解き明かす方法としては、二つのアプローチが考えられます。一つは、「無機化合物から有機化合物がつくられ、そして生命へと発展してきた」という化学進化について考えること。そして、もう一つは、「現在の生物の共通祖先を探しあてていく」方法です。

前述のように、化石などの調査から「最初の地球生命が誕生したのは、今からおよそ三八億年前である」ことがわかりました。では、その最初の生命は、どのようなものだったのでしょうか。

すべての生物は「生命の設計図である遺伝子」を持っていることが、現在ではわかっています。その遺伝子の塩基配列を読み比べていくと、生物種の系統樹をつくることができる——この系統樹をたどりながら、それぞれの生物が分岐した年代を測定していくと、古細菌と真核生物が分かれたのは、今から約二四億年前であることがわかりました。

さらにさかのぼっていき、古細菌と真正細菌の分岐が起きたのは、今から約三八億年前と算出されています。これは、北西グリーンランドのイスア地域で発見された岩石の分析結果とも、よく一致しています。つまり、「地球に現存するすべての生物の共通祖先」は、今から約三八億年前にはすでに誕生していたと考えることができるのです。

それでは、この共通祖先はどのような特徴を持っているのでしょうか。現在、すべての生物に共通する普遍的な遺伝子を探し当て、「地球生物の共通祖先が持っていた遺伝子」を探すという研究が行われています。しかし、その研究は解析方法によってばらつきが激しく、共通遺伝子の数の特定もできていません。

また、その共通遺伝子の性質についてもさまざまな意見があり、正直言ってまだよくわからないというのが現状です。ただ、共通祖先は古細菌と真正細菌に分かれる前の生物なので、そこから考えていくと、「超好熱菌」であった可能性が高いと考えられています。その理由は、古細菌と真正細菌のどちらの系統樹にも、根本付近には超好熱菌が集まっているからです。

生命が誕生した場所

海底の熱水噴出孔付近には、現在もたくさんの生物が存在しています。しかも、わりと古い時代の形質を受け継いでいるものが多いので、地球最初の生命誕生の場所として「海底熱水説」は非常に人気が高いのです。しかし、第一章で私は、「生命が誕生したのは陸上の温泉付近の可能性が高い」と説明しました。その理由は、生命が海底の熱水環境で生まれたと考える説には、「乾燥できない」という重大な欠点があるからです。

この「陸上温泉説」を、もう少し詳しく説明してみましょう。生命の材料となるタンパク質や核酸（DNAやRNA）などの生体高分子は、重合反応によってつくられます。例えば、タンパク質の場合は複数のアミノ酸が結合したものですし、ヌクレオチド（糖とリン酸、塩基が結合したもの）が多数重合したものが核酸です。この重合反応は、副生成物として水分子ができる脱水反応が起きますので、乾燥した場所でないと進みません。そればかりか、水中では加水分解反応が起こりやすいので、タンパク質や核酸がつくられるどころか、分解してアミノ酸や糖などに戻ってしまう可能性が高いのです。

地球の歴史を調べてみると、生命が誕生したおよそ三八億年前には、すでに陸地ができていた形跡があります。陸地の水辺の周りで乾燥した場所があればアミノ酸が重合してタンパク質をつくることができますし、核酸の合成も可能です。だから私は、生命が生まれた場所として最も可能性が高いのは、陸地の温泉のような環境ではないかと考えています。皆さんもご存じのように、温泉には硫黄の成分が豊富に含まれています。また、紫外線の影響も、鉱物粒子などの適当な遮蔽物さえあれば特に問題はないでしょう。このように、有機物の材料がたくさん供給されていて、しかもアミノ酸や核酸の重合反応に必要な乾燥や濃縮が可能な陸上の温泉は、生命誕生の場所として打ってつけなのです。

生命は陸上の温泉付近で生まれたと考えられる理由としては、他にも現在の海水と原始地球の海水、それとヒトの細胞質の「金属イオン濃度の違い」が挙げられます。

海水の元素組成は、過去も現在もナトリウムイオンが多く、カリウムイオンが少ないという割合になっているのに対して、私たちの細胞内は逆——つまり、細胞内の金属イオン濃度は、カリウムイオンが高く、ナトリウムイオンが低くなっているのです。

なぜ、細胞内ではカリウムイオンの割合が高いのでしょうか。その原因は、生命が誕生した場所に原因があるのです。

熱水と岩石が反応すると、地殻に含まれるカリウムの溶け込んだ蒸気が発生します。そのカリウムを含んだ蒸気は冷却されると水に戻りますが、その熱水中のカリウムイオンの濃度は高くなっていきます。このような場所で生まれた生命なら、カリウムイオンの濃度が高くても不思議ではありません。

さらに熱水の蒸気にならなかった部分は塩水となりますが、その中には多量のリン酸塩が含まれています。このリン酸塩は、海水中にはほとんど含まれていませんが、核酸の構造に使われるなど、生物にとっては不可欠な存在です。

ヒトの元素組成を調べると、「最初の生命が誕生したのは、ナトリウムイオンよりもカリウムイオンの存在比率が高く、リン酸が豊富だった場所」だと考えられます。このことからも、生命が誕生したのは深海の熱水噴出孔付近ではなく、陸上の温泉地帯だと考えるのが自然だと思います。

第五章

DNAとRNA、タンパク質

ワトソンとクリックが発見したDNAの二重らせん構造

第四章で、DNAやRNAといった核酸の話が出てきました。DNAは遺伝情報が刻み込まれた遺伝子の本体です。そしてRNAは、DNA上の遺伝情報をコピーし、その情報をもとにタンパク質の合成を行います。この「DNA→RNA→タンパク質」という情報の流れは、現在のすべての生物に共通するメカニズムです。しかし、「過去にRNAだけで生命活動を行っていた生物が存在し、それが進化して現在の生物になった可能性が高い」ことが、最近の研究からわかってきました。

その話を詳しくする前に、DNAとRNAについておさらいしておきましょう。DNAとRNAは、糖とリン酸と塩基が結合したヌクレオチドが基本単位となって連なっている生体高分子です。この二つをまとめて核酸といいます。

一一三ページの図は、DNA分子の構造図です。DNAは糖（デオキシリボース）とリン酸からなる主鎖（ヌクレオチド鎖）と、アデニン（A）、チミン（T）、グアニン（G）、シトシン（C）の四種類の塩基から構成されています。この主鎖が、互いの塩基同士で結合して大きくならせんを描いている――これが、かの有名な「二重らせん構造」です。

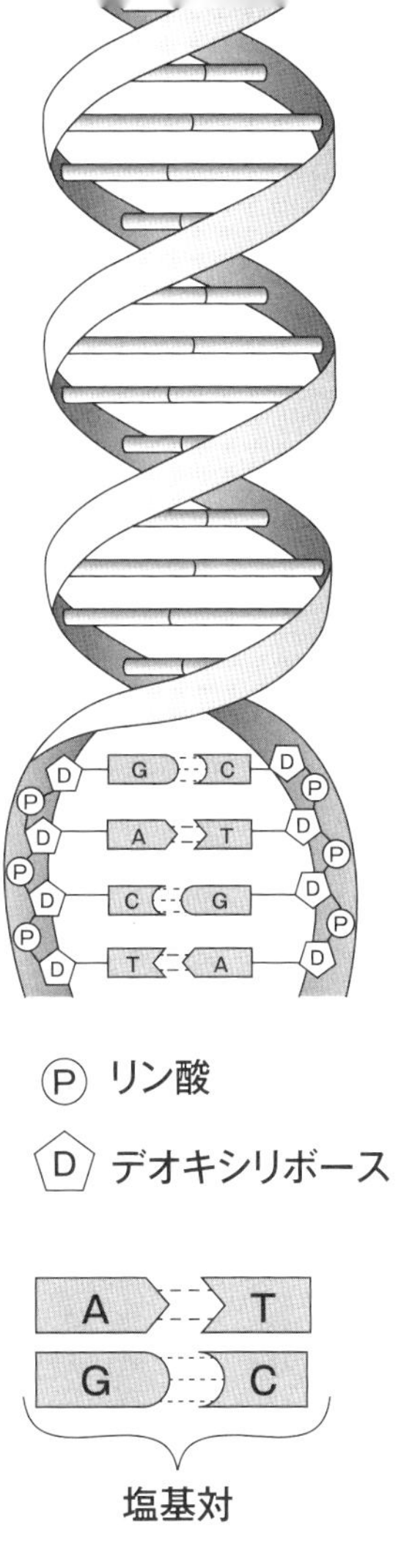

DNAは糖とリン酸からなる主鎖と、4種類の塩基から構成されている。塩基は「AとT」「GとC」が相補的塩基対をなす。

一九五三年にワトソンとクリックが、このＤＮＡの二重らせん構造を発見して以降、分子生物学は急速に発展していきました。「ＤＮＡは生命の設計図である遺伝子を記録する役割を果たしている」「塩基三個分のＤＮＡが一組になって、一つのアミノ酸を指定している」など、さまざまなことが明らかになってきたのです。

生命現象のセントラルドグマ

ヒトをはじめとする生物の構成成分であるタンパク質は、複数のアミノ酸がつながってつくられています。自然界には数多くのアミノ酸が存在しますが、ヒトのタンパク質を構成しているのは、わずか二〇種類です。この二〇種類のアミノ酸の組み合わせによって、何万、何十万種類ものタンパク質がつくられています。

生物の体を形づくる重要な成分の一つであるタンパク質の構造は、DNAの塩基配列によって決められています。つまり塩基に記されている情報は、どのようなタンパク質をつくるのかを表しているのです。

この「DNA上の遺伝情報から、タンパク質が合成される過程」を、少し説明しておきましょう。まず、DNAに書き込まれた遺伝暗号（塩基配列）が、RNAという物質へと写されます。この作業を「転写」といい、RNAに転写された遺伝暗号はアミノ酸の配列に読み替えられ、タンパク質が合成される——遺伝子から形質発現までの過程は、このような順序で進んでいきます。

このDNAからRNAを経てタンパク質がつくられていく仕組みは、「セントラルドグマ」と呼ばれています。この遺伝情報の流れは、すべての生物に共通しているのです。

卵が先か、ニワトリが先か

安定した分子であるDNAが遺伝子の保持を担当し、その遺伝情報をRNAが伝達してタンパク質を合成する――このセントラルドグマという仕組みは、私たちのような現存する地球生命から見れば、たいへん合理的に感じられます。しかし、生命の誕生という観点から見ると、このセントラルドグマは大きな矛盾を孕んでいるのです。その問題について、説明していきましょう。

まず、このセントラルドグマというシステムを動かすには、DNAポリメラーゼ、RNAポリメラーゼといった酵素を必要とします。酵素とは、生物の細胞内でつくられるタンパク質性の触媒の総称です。つまり、タンパク質の合成には「遺伝の仕組み」が必要ですが、一方でこの「遺伝の仕組み」は、多くのタンパク質によって支えられているというのです。「遺伝の仕組み」が先にできたのか、「タンパク質」が先にできたのか。これは明らかに、「卵が先か、ニワトリが先か」という話と同じような、ジレンマを含んでいます。

現在、この地球上に暮らしている生命は、DNA上の情報からタンパク質を合成していますが、そのシステムを動かすにはタンパク質（触媒）が必要となる――原初の生命について考えていくと、「DNAとタンパク質、どちらが先に出現したのか」という、大きなパラドクスに直面してしまうのです。

ＲＮＡワールド仮説

このパラドクスを解消する代表的な考え方の一つに、「ＲＮＡワールド仮説」がありま す。ＲＮＡワールド仮説とは、「地球に誕生した最初の生物は、ＲＮＡだけで生命活動を行っていたのではないか」という考えです。

このＲＮＡワールド仮説という概念は、触媒活性を持つＲＮＡの発見をきっかけに、広く受け入れられるようになりました。現在タンパク質が担っている触媒としての機能を、ＲＮＡも持ち合わせていることがわかったのです。このようにして、「原始地球においては、まずＲＮＡだけで自己複製を行う世界ができた」という、ＲＮＡワールド仮説が支持されるようになりました。

ＲＮＡワールドはまだ決定的な証拠がないので仮説ですが、状況証拠はいくつも見つかっており、私はまず間違いないと思っています。その根拠の一つが、一九八二年にアメリカの生物学者トーマス・チェックらのグループによって発見された「リボザイム」の存在です。リボザイムとは先ほどお話しした「触媒機能を持ったＲＮＡ」で、このリボザイムの発見がきっかけとなり、ＲＮＡワールド仮説が支持されるようになりました。

ＲＮＡワールド仮説を裏づけるもう一つの根拠は、ＲＮＡウイルスの存在です。現在の地球の生物は、基本的に細胞を構成単位として代謝・増殖を行っています。しかし、遺伝情報のもととなるＤＮＡもしくはＲＮＡを、タンパク質のカプセルに閉じ込めた構造のウイルスは、単独で代謝・増殖することができません。ウイルスは細胞を持たず、寄生した宿主のタンパク質を利用して、自らの遺伝情報を複製しているのです。

ウイルスは遺伝物質の違いから、ＤＮＡウイルスとＲＮＡウイルスに大きく分けられます。ＤＮＡがなくてもＲＮＡが遺伝情報を保持できるということから、このＲＮＡウイルスの存在も、ＲＮＡワールド仮説の状況証拠の一つとされているのです。

地球生命はＲＮＡワールドから、ＲＮＡとタンパク質で構成される「ＲＮＡ―タンパク質（ＲＮＰ）ワールド」に移行し、現在のセントラルドグマで表現されるＤＮＡ、ＲＮＡ、タンパク質が共同的に働く世界へと進化の道筋をたどってきた――このような流れが、現在多くの研究者に支持されている考え方です。

ＲＮＡワールドのさまざまなタイプ

ここまで、「最初にＲＮＡだけで生命活動を行う生物が生まれた」という、ＲＮＡワールド仮説の話をしてきました。確かにＲＮＡは、自己複製や触媒活性といったＤＮＡとタンパク質両方の役割を果たすことができるかもしれません。しかし、かつてＲＮＡワールドが本当に存在していたとしても、原始地球の環境においてＲＮＡが単体で生命活動を行うのは非常に困難だと、多くの研究者は考えました。そこで、「ＲＮＡは何かに包まれていたのではないか」とする仮説がいくつか生まれてきたのです。ＲＮＡが包まれていたと考えられる物質は、鉄硫黄、リポソーム、プロティノイドなどいろいろとあります。これから代表的なものを、いくつか紹介していきましょう。

最初は「鉄硫黄ＲＮＡワールド仮説」です。鉄と硫黄が結合してできる鉄硫黄は、主に熱水環境で存在し、数マイクロメートルから数百マイクロメートルほどの小さな球状構造をつくることができます。生物が持つ酵素には鉄硫黄を含むものが多いことも、鉄硫黄ＲＮＡワールド仮説が支持される理由の一つです。

この鉄硫黄ＲＮＡワールド仮説は、海底の熱水環境が舞台となっているので、「生命の起源は海底の熱水噴出孔付近だった」と考える研究者から特に支持されています。でも、私はこの説には反対です。その理由は、前にもお話ししたとおり「海底の熱水環境では乾燥ができないので、アミノ酸や核酸の重合反応が起こらない」からです。それに、鉄硫黄の球状構造の中でさまざまな有機化合物がつくられることは、まだ証明されていません。私たちは言葉によって、いろいろな可能性を語ることができます。しかし、科学として議論をするのであれば、実験で証明できなくてはなりません。鉄硫黄ＲＮＡワールド仮説は、まだその域には達していないのです。

　次に紹介するのは、ＲＮＡがリポソームという脂質膜に包まれていたという「リポソームＲＮＡワールド仮説」です。脂質には水に馴染（なじ）みやすい親水部分と水に溶けない疎水部分が存在します。この脂質分子は生体内で集合し、上下一対の薄い膜を形成する――この脂質の分子が二列に並んだ膜を、「脂質二重膜」と呼びます。この「脂質の分子がきれいに並んだ球状の膜構造の中に、ＲＮＡが収められていたのではないか」というのが、リポソームＲＮＡワールド仮説です。

　そしてリポソームＲＮＡワールドでは、外界の温度によってＲＮＡの構造が変化すると考えられています。まず、比較的冷たい環境では、ＲＮＡの合成が進み、一本鎖だったものが二本鎖になります。そして周囲が熱くなってくると二本鎖がほどけて、二本のＲＮＡに分離していくのです。また、温度が低くなる過程で、脂質を取り込んだリポソーム自体が大きくなった後、細胞分裂のようにＲＮＡが一本ずつ入るようにリポソームが分かれて

RNAの複製

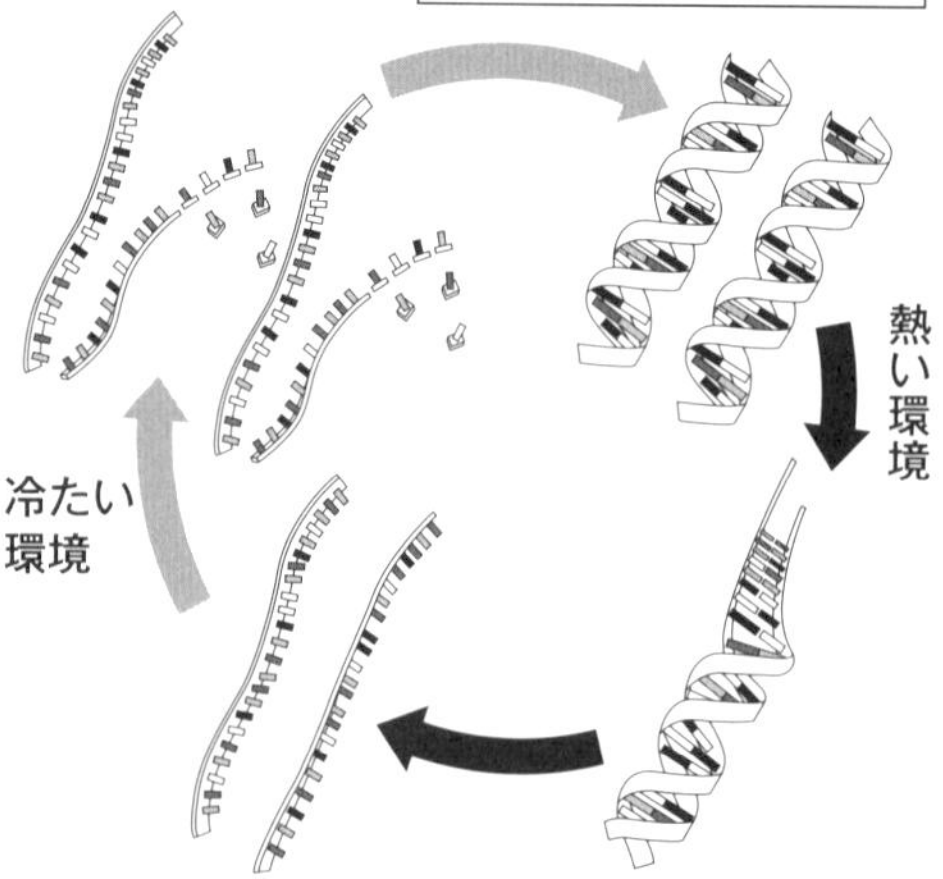

冷たい環境で合成されたRNAと出合うことで、1本鎖だったRNAが2本鎖となる。その後、周囲が熱くなってくると、2本鎖のRNAは1本ずつにほどけていく。この過程をくり返すことで、RNAは数を増やしていったと考えられている。

いきます。この過程を繰り返すことで、数をどんどん増やしていった可能性があるのです。

RNAワールドをつくる

ＲＮＡワールド仮説は、生命誕生のシナリオとして最も有力な考えですが、そのことを決定づけるだけの証拠はまだ見つかっていません。確かに、触媒活性を持つＲＮＡであるリボザイムは発見されました。しかし、生物中の天然のリボザイムは、ＲＮＡ鎖の切断・連結反応を触媒するものでしかないのです。

そもそもＲＮＡワールドが存在したという証拠自体、現在の地球にはすでに残っていない可能性もあります。では、どのように証明していけばいいのでしょうか。最も手っ取り早い方法は、実際に「単独でタンパク質と同じような触媒として働くＲＮＡ」をつくってしまうことです。

このアプローチは、「試験管内進化」と呼ばれています。まず、試験管の中にランダムな配列を持ったＲＮＡをたくさん用意して、ＲＮＡのプールをつくります。そして、そのＲＮＡプールの中から、目的の機能を持った塩基配列のＲＮＡを選んだ後、増幅し、変異させ、再び選び出す——このサイクルを繰り返し行い、自然界にはない触媒の働きをするＲＮＡをつくろうとしているのです。

これまでに、特定の分子やタンパク質を認識するＲＮＡや、さまざまな反応を触媒するＲＮＡを合成することに成功しています。この実験の結果から、「ＲＮＡワールドでは、現在のタンパク質のように特定の分子や基質とだけ選択的に結合して触媒反応を行うＲＮＡが存在していた」という可能性が出てきました。

また、現在では「ＤＮＡのように自己複製するＲＮＡを、実験室で作成してしまおう」という研究も行われています。もちろん、自分自身を完全に複製するところまでは、まだたどり着いていませんが、もう一息のところまできています。もし今後、自分よりも長いＲＮＡ鎖をつくることができるＲＮＡが生まれれば、ＲＮＡワールドが存在していた状況証拠になります。

ＲＮＡワールドからＤＮＡワールドへ

今考えられている生命進化の有力なシナリオは、まずＲＮＡワールドの誕生から始まります。このＲＮＡワールドは、ＲＮＡが単体で存在する世界だったのか、鉄硫黄やリポソームが関係していたのかは、まだはっきりとはわかりません。個人的な見解では、リポソームＲＮＡワールドが、最も可能性が高いと思っています。

このＲＮＡワールドでは、「ＲＮＡゲノム生物」とでも呼ぶべき、ＲＮＡ単独で自己複製する生命が誕生しました。ただ、このＲＮＡゲノム生物は、もうこの地球上には存在していません。その後に誕生した「ＤＮＡゲノム生物」に取って代わられてしまったからです。

なぜ、ＲＮＡゲノム生物は絶滅してしまったのか――その理由としては、「遺伝子の安定性」が考えられます。ＤＮＡと比較して、ＲＮＡは非常に不安定です。「生命の設計図」というべき遺伝子は、時折その配列を変化させます。その「突然変異」によって新たな種が生まれ、それが進化を推し進めてきました。

だから、ある程度は遺伝子が変化したほうがいいのですが、あまりに不安定すぎると今度は効率が悪くなってしまいます。仮に生存に非常に適した遺伝子をつくることができたならば、その後はあまり変化しないほうが、生物にとっては有利に働くのです。その点、DNAには安定性があります。そのため、現在の私たちの遺伝子にも変異は起こりますが、その確率はとても低いのです。

RNAワールドとは、生命にとって最適な自己複製システムをつくるための「実験期間」だったのでしょう。反応性のいいRNA分子を使うことで変異をたくさん起こし、その中で環境に適応したものが選ばれていき、それがある程度落ち着いてきたところで、遺伝情報の保持は安定感のあるDNAに、そして触媒作用はタンパク質へとスイッチしていった——そう考えると、非常に合理的です。

DNAゲノム生物は適応放散によって、誕生から現在までの間にさまざまなタイプが登場してきました。そして、その多様な生物の中の一つである超好熱菌が、「すべての地球生物の共通祖先」になった可能性が高いと、現在では考えられています。

この共通祖先は、およそ三八億年前に真正細菌と古細菌のグループへと分かれていきました。そして、さらに一四億年ほど時が流れて、古細菌から私たちへとつながっている真核生物へと分かれていったのです。

第六章

太陽系内で地球外生命体が存在する可能性

生命存在の三要素とハビタブルゾーン

第二章において、地球の隣に位置する火星の生命探査について詳しく説明しました。この章では、「太陽系内の火星以外の場所で、生命が存在する可能性」について、話をしていこうと思います。

この本の中でも何度か出てきましたが、生命が存在するためには、「有機物・水・エネルギー」の三つが必要です。液体に溶け込んだ有機物が膜に包まれ、外部から取り込んだエネルギーによってその姿を維持する――この「生命が存在するための三要素」を備えた惑星を探す指針として使われるのが、「ハビタブルゾーン（生命居住可能領域）」という考え方です。

ハビタブルゾーンとは「生命の生存に適した領域」を表す言葉で、大まかにいうと「液体の水が地表に存在できる範囲」を指しています。そして、このハビタブルゾーンを決定する要素は、恒星の表面温度や惑星大気の性質など複数ありますが、最も重要なものは「恒星系の中心にある主星との位置関係」です。

主星から受け取るエネルギーの量は、主星と惑星との距離によってほぼ決まります。例

太陽系の惑星

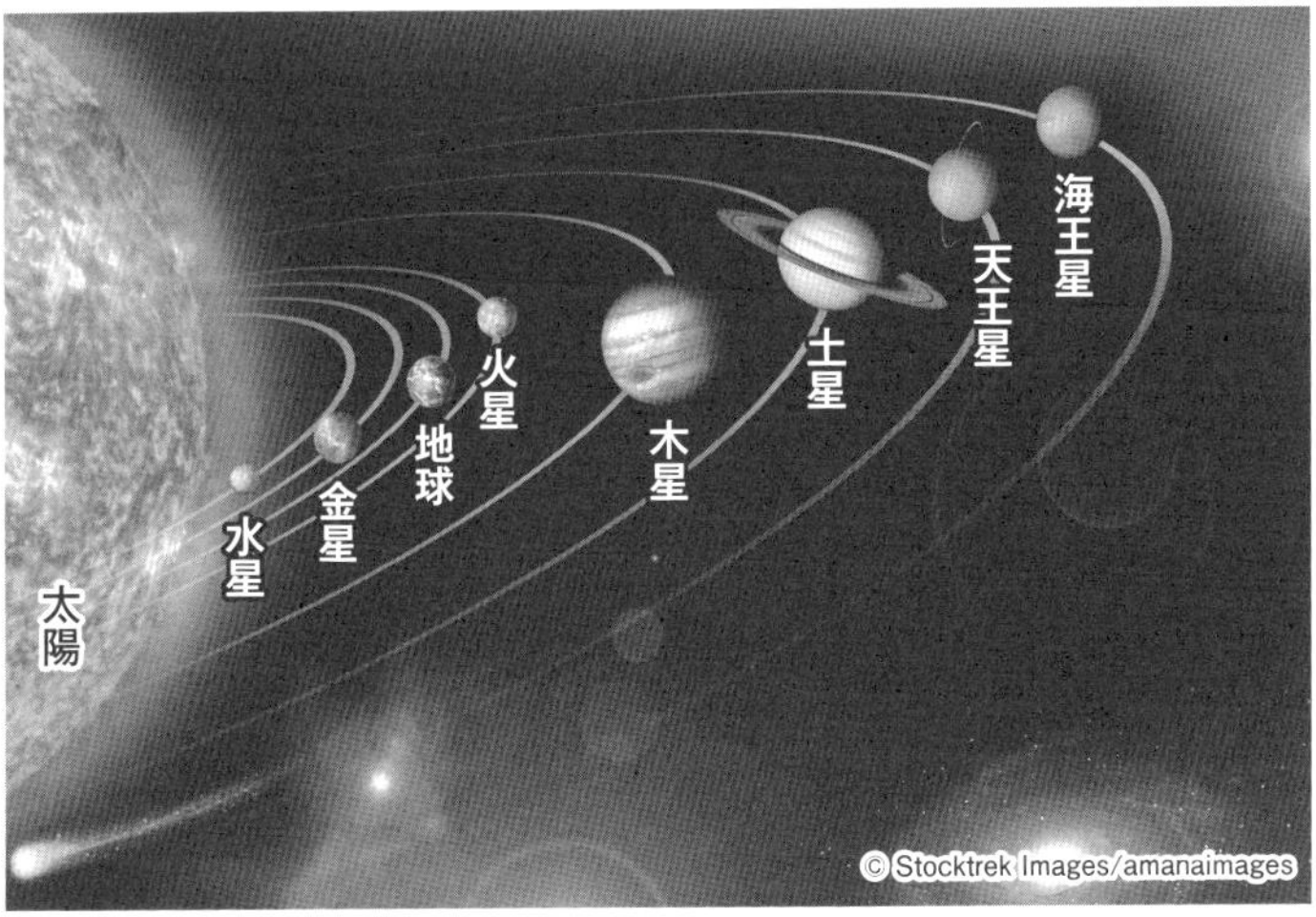

太陽系の8つの惑星は、太陽に近い順から「岩石惑星（水星、金星、地球、火星）」「ガス惑星（木星、土星）」「氷惑星（天王星、海王星）」に分けられる。
恒星を回る惑星の表面で、水が液体で存在できる範囲のことを「ハビタブルゾーン」という。
太陽系の惑星でハビタブルゾーンの範囲内にあるのは地球と火星のみである。

えば、地球の公転軌道は主星（太陽）からほどよい距離にあるので、液体の水が安定的に存在できるのです。太陽までの距離が地球の七割ほどしかない金星は、地球の七倍のエネルギーを太陽から受けています。そして、太陽からの距離が地球の一・五倍もある火星の場合だと、太陽から届くエネルギーは地球の四三パーセント程度になってしまうのです。

太陽から地球までは約一億四九六〇万キロメートル離れていて、この距離を「1天文単位」といいます。太陽系内のハビタブルゾーンは約〇・八〜一・五天文単位と考えられていて、その範囲内にある惑星は地球と火星のみです。この範囲よりも太陽に近いと、太陽から受けるエネルギーが大きすぎて、水は気化してしまいます。そして、太陽から遠くなりすぎると水は凍ってしまい、天体の表面に液体の状態で存在することができません。

金星は直径約一万二一〇〇キロメートルと、地球とほぼ同じ大きさをしています。もちろん、誕生した時期も地球とほぼ同じです。大きさや構成物質が地球によく似ているので「双子惑星」と呼ばれることもありますが、金星は太陽から約〇・七天文単位の位置にあるので、ハビタブルゾーンには入っていません。そして、探査が進んで金星の素顔が明らかになってくると、その環境は地球とは大きくかけ離れていることが明らかになってきました。

地球と金星の最も大きな違いは大気です。金星の表面はおよそ九〇気圧もの超高圧状態のうえ、大気の約九六・五パーセントを二酸化炭素が占めています。二酸化炭素に温室効果があることは、ご存じのとおりです。太陽から届くエネルギーが強いうえに、温室効果ガスで満たされている金星の表面温度は、昼夜関係なく摂氏四六〇〜五〇〇度の灼熱状態となっています。

さらに金星の上空は、常に濃硫酸の厚い雲で覆われています。その雲が濃硫酸の雨を降らせているので、およそ生命が生存できる環境とはいえません。では、第二章で生命の存在について言及した、火星はどうでしょうか。

火星は太陽系のハビタブルゾーンに、ぎりぎり入るところに位置しています。第二章で説明したように、火星には現在でも氷の水が存在し、火星の夏になると解け出すことがわかっています。かつて火星の表面には大量の液体の水が存在していたことがほぼ確実視されていますので、生命が存在する可能性も高いといえるでしょう。

ハビタブルゾーンの概念自体は、ロシア生まれの天文学者オットー・シュトルーベ（一八九七～一九六三年）が考えたといわれています。地球外生命の可能性を探るときに、このハビタブルゾーンは大事な指標の一つです。ただし、この指標は惑星に液体の水が存在し、かつ主星から適度なエネルギーを受け取っていることを示しているにすぎません。火星に関しても、ハビタブルゾーンに入るという説と、入らないという説のどちらもあるくらいです。

そして、現在では太陽からの距離が地球の五倍以上ある木星の衛星や、九・六倍ほど離れた土星の衛星にも、生命が存在しているかもしれないことがわかってきました。これらの衛星はもちろん、ハビタブルゾーンの範囲には入っていません。なのに、どうして「生命が存在するかもしれない」と考えられているのでしょうか。その理由を、これから詳しくお話ししていきます。

プルームを噴出する衛星エンセラダス

まずは、土星の衛星エンセラダスです。現在、土星には六三個の衛星が発見されています。エンセラダスは土星の第二衛星（二番目の公転軌道を回る衛星）で、一七八九年にイギリスの天文学者ウィリアム・ハーシェル（一七三八～一八二二年）によって発見されました。氷に覆われた直径五〇〇キロメートルほどの衛星で、土星からはおよそ二四万キロメートル離れています。地球の直径は約一万二七五六キロメートルなので、エンセラダスのサイズは地球の二五分の一程度ですが、それでも土星の衛星の中では六番の大きさになります。

次は、太陽から届くエネルギーです。土星付近に太陽から届くエネルギーは、地球の約一〇〇分の一ほどしかありません。そのため、エンセラダスの表面は常に氷に覆われています。年間を通した表面の平均温度もマイナス二〇〇度ほどなので、以前はとても生命が生存できる天体とは思えませんでした。

その状況が大きく変わったのは、二〇〇五年のことです。二〇〇四年にNASAとESAで共同開発した土星探査機カッシーニが、土星の周回軌道に到達しました。そして、二〇〇五年一月に、エンセラダスの南極域から何かが噴き出しているのを発見したのです。この噴き出していたものは、氷の粒子の「プルーム（噴き上がる煙状のもの）」でした。

NASAの土星探査機カッシーニが撮影した、
土星の衛星エンセラダス。
南極付近の亀裂からは、
氷の粒子のプルームが噴き出している。

そして、このプルームを分析してみると、ナトリウム塩、二酸化炭素、有機物が含まれていたのです。

さらに、このプルームはただ噴き出しているだけではなく、土星にとって大切なものをつくっていました。それは土星の環（リング）です。土星のリングは七つあり、内側からD環、C環、B環、A環、F環、G環、E環と呼ばれています。アルファベット順に並んでいないのは、発見された順に命名されているからです。

そして、一番外側に位置するE環は、エンセラダスの噴き出すプルームによってつくられていました。土星からE環までの距離は、およそ二〇万キロメートルもあります。つまり、土星の直径（約一二万五三六キロメートル）の二倍近くも離れた場所にある環は、エンセラダスによってつくられていたのです。

生命存在の三要素を満たす天体

エンセラダスの表面をよく観察してみると、爪で引っかかれたような亀裂があることがわかりました。この亀裂はトラの縞模様に見えるので、「タイガーストライプ」と呼ばれています。さらに、エンセラダスの表面温度を測定してみると、このタイガーストライプの部分だけが、他の場所よりも高いことがわかりました。これは、タイガーストライプから垣間見える「エンセラダスの内部」の温度が高いことを意味しています。

エンセラダス内部の温度が高いということは、内部では氷が解けて水になっている可能性が高い——つまり、「エンセラダスの氷の下には、内部海が広がっている」かもしれないのです。このような近年の探査結果により、「エンセラダスには生命に必要な、有機物・エネルギー・水の三要素すべてが存在している可能性が高い」と考えられるようになりました。

ただ、「エンセラダスの地下海に熱水活動がある」という話は研究者たちの推測にすぎ

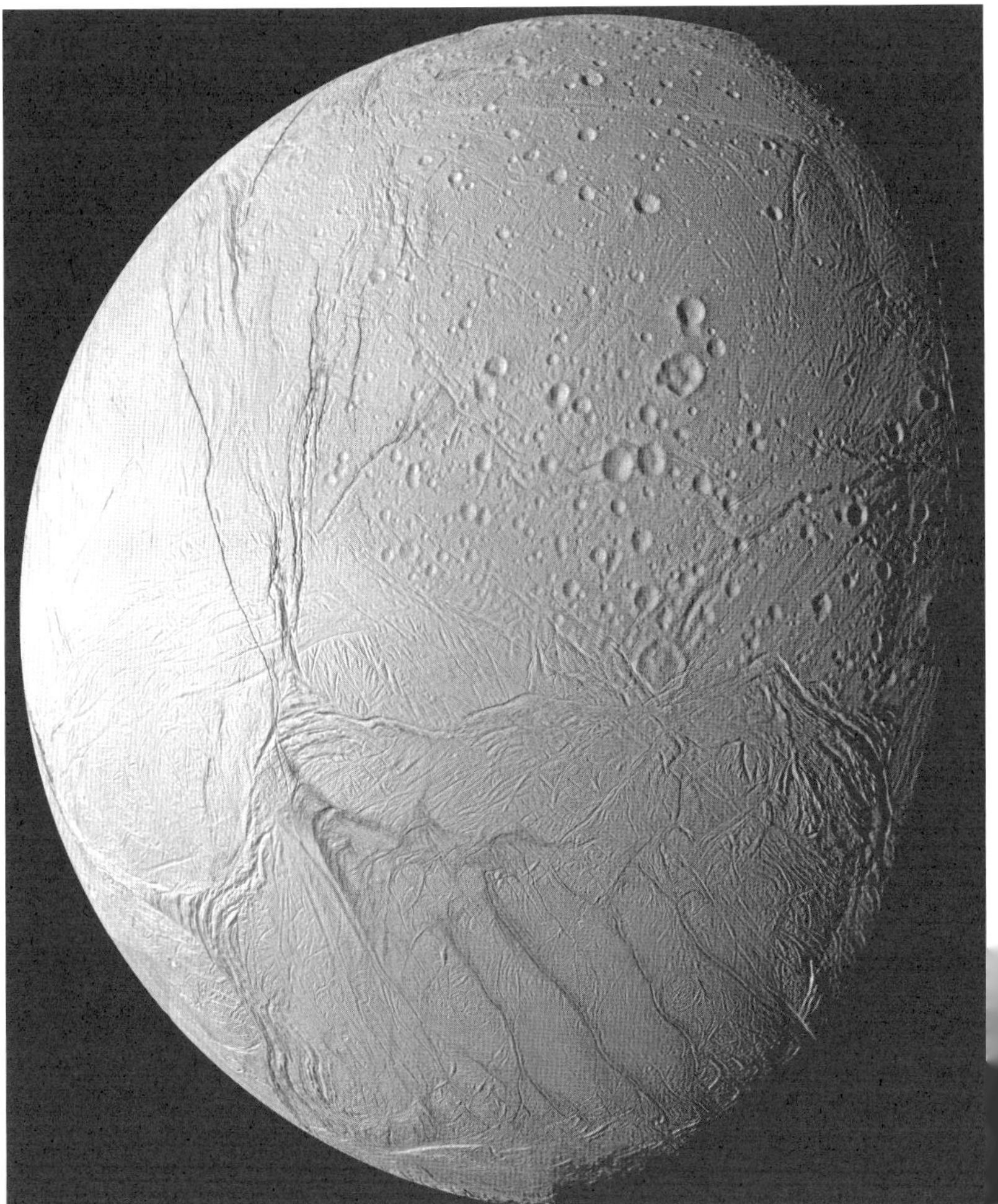

「タイガーストライプ」と呼ばれる、エンセラダスの巨大なひび割れ。
プルームは、この南極付近に平行に走る複数の亀裂から噴き出している。

ず、これまで科学的な根拠を示すまでには至っていませんでした。しかし、「エンセラダスには、熱水環境が存在する可能性が高い」ことを科学的に検証した論文が、二〇一五年三月に発表されました。

実は二〇一〇年頃から、探査機カッシーニが送ってくるデータにより、土星のE環には極微小のシリカ（二酸化ケイ素）の粒が含まれていることがわかっていました。このシリカの粒は五～一〇ナノメートルほどの大きさで、その大きさから「ナノシリカ」と呼ばれています。E環はエンセラダスから噴き出したプルームによってつくられていますので、もとをたどればエンセラダスの内部にたどり着きます。つまり、カッシーニが観測したナノシリカは、「エンセラダス内部で、岩石と水が反応した結果できたものではないか」と考えられるようになったのです。

日本の研究者が、エンセラダス内部の海水と岩石を再現して実験をしてみたところ、少なくとも九〇度以上の熱水環境でないとナノシリカができないということもわかりました。このようにカッシーニの観測と地上での再現実験の結果から、エンセラダスの内部で熱水活動をしている証拠が示されたのです。

ただし、「エンセラダスの熱水環境をつくり出しているエネルギー源」までは、今のところよくわかっていません。太陽系の惑星の中で二番目に大きい土星の引力によって生じる「潮汐力」がエンセラダスの内部を絞り、摩擦熱が発生することが原因であるともいわれています。しかし、その説にはまだ証拠がありません。そもそもエンセラダスは、直径五〇〇キロメートルほどのとても小さな衛星です。その大きさでは、どんなモデルで計算しても、理論的にはすぐに凍りついてしまいます。エンセラダスが長い期間、熱水環境を保っていること自体、とても驚くべきことなのです。

サンプルリターンで詳しく調査を

以上のような最近の探査結果により、エンセラダスには「有機物・水・エネルギー」が存在することが、科学的に証明されました。生命が存在するのに必要とされる三つの要素を満たす天体が見つかったことから、地球外生命発見への期待も大きく高まりました。

しかし、「エンセラダスに生命が存在する」ことについて、私は若干懐疑的です。確かに、エンセラダスは、生命が存在するための三要素を備えていました。しかし、解決しなければならい大きな問題が、まだ残っています。それは、「エンセラダスには陸がない」ということです。これまで私は何度も、「生命が誕生するには、有機物が乾燥できる場所が必要」と説明してきました。その理由は、乾燥が起こらなければ、アミノ酸や核酸の重合反応が起こらないからです。エンセラダスの氷の下に広がる海には、陸地が存在している可能性がほとんどありません。だから私は、「この衛星で生命が誕生するのは、難しいのではないか」と考えています。もちろん、可能性としてはゼロではありませんので、今後探査が進んで生命が発見されることを大いに期待しています。

エンセラダスの生命探査について研究者が関心を寄せているのは、「エンセラダスは他の天体と違い、プルームが噴き出しているので、内部の物質を外から捕獲しやすい」ということです。もしエンセラダスに探査機を送り込むときは、プルームとして噴き出す物質を捕まえようという案が考えられています。その捕獲装置にも、たんぽぽ計画で使用しているエアロゲルが活躍するでしょう。プルームの物質を地球に持ち帰るサンプルリターンを行うことができれば、エンセラダスに生命が存在するかどうかが、よりはっきりしてきます。

ただ、探査機がエンセラダスまで行って帰ってくるだけでも二〇年くらいの時間がかかるし、実際に探査機を打ち上げるとなると、その準備だけでもさらに一〇年くらいはかかるでしょう。この計画に限らず、生命について研究することは、長い時間を必要とします。

「生命とは何か」という大きな謎を解明するためにも、次世代の研究者を育成することが求められるのです。

タイタンは化学進化の実験場？

土星の衛星にはエンセラダスの他にもう一つ、生命の存在が期待されている衛星があります。それが、土星最大の衛星タイタンです。タイタンは、オランダの天文学者クリスティアーン・ホイヘンス（一六二九〜九五年）によって、一六五五年に発見されました。直径が約五一五〇キロメートルもあり、太陽系の衛星の中では、木星最大の衛星であるガニメデに次ぐ大きさです。

太陽系惑星の一つである水星の直径が約四九〇〇キロメートルですから、タイタンは衛星でありながら、太陽系の惑星よりも大きい天体ということになります。しかも、太陽系の衛星の中で唯一、濃い大気に覆われている――この大気は、窒素やメタン、炭化水素からできています。

タイタンの大気にメタンが含まれていることは、地球からの望遠鏡を用いた観察でわかっていました。その後タイタンの大気の分析を初めて行ったのは、一九七七年に打ち上げられたNASAの宇宙探査機ボイジャー一号です。そして、ボイジャー一号の分析により、タイタンの大気は、原始地球とよく似ていることが明らかとなりました。

原始地球の大気は、一九五〇〜六〇年代にかけては「メタンやアンモニアを主成分とする強還元型」と考えられていました。しかし最近では、窒素を主成分に少量のメタンや一酸化炭素が含まれた、濃厚な混合気体であるという説が主流になっています。

地球生命の起源を研究するうえで一番の難点は、「生命が誕生した頃の環境が、すでに地球から失われてしまっている」ことです。生命の誕生や長い進化の歴史により、地球の大気成分は大きく変わってしまいました。それはしかたのないことですが、生命が誕生したときの環境が残っていないと、生命誕生のプロセスを実証することが非常に困難になってきます。

しかし、もしタイタンと原始地球の大気組成がよく似ているのであれば、「タイタンの大気を使ってさまざまな有機物を生成することで、原始地球で起こった化学進化の過程を知ることができる」かもしれません。このように、タイタンには「巨大な化学進化の実験場」としての役割が期待されているのです。

メタン生命は存在するか？

さらに二〇〇四年になると、土星の周回軌道に到着した探査機カッシーニによって、タイタンのより詳しい観測が行われました。カッシーニから得られた知見によると、タイタンの表面温度は摂氏マイナス一七八度——この温度では、水は岩石のように凍ってしまいます。しかし、メタンでしたら液体のままで存在できるかもしれません。メタンの融点は摂氏マイナス一八二・七六度、沸点はマイナス一六一・四九度です。メタンは天然ガスなどに多量に含まれており、都市ガスなどの燃料として用いられています。

また、二〇〇五年にタイタンに投下された着陸機ホイヘンスが撮影した画像には、海岸線や川のような地形が写っていました。そして、タイタンの表面には大規模な海はないものの、上空にはメタンの雲が存在したのです。

これらの探査結果から、「タイタンにはメタンの雨が降っていて、表面にたまった液体メタンが蒸発して雲になり、また雨として降ってくる」という、メタンの循環が起こっていることがわかりました。

また、カッシーニによる上空からの観測によって、タイタンの北極付近にいくつかの湖

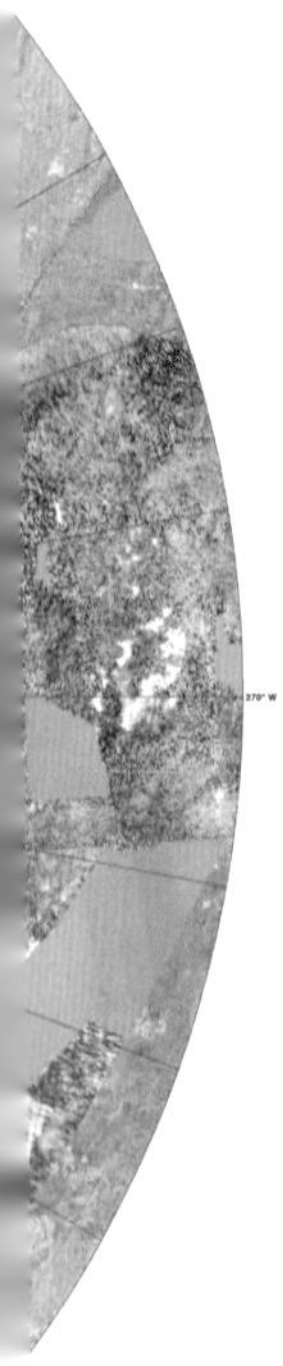

も発見されています。タイタンは大気にもメタンが含まれているので特定するのは難しいのですが、「この湖の成分には、メタンとエタンが混ざっているのではないか」と考えられています。

さらに、ホイヘンスはタイタン表面へ降下する途中で大気の詳細な分析を行いました。その結果、タイタンの大気は窒素を主成分とし、メタン、エタン、アセチレン、プロパン、シアン化水素、アセトニトリル、シアノアセチレンなどたくさんの有機物が含まれていることがわかりました。しかも、タイタンの大気中の塵を熱分解するとたくさんの有機化合物が発生する――つまり、タイタンの塵は高分子有機化合物であることがわかったのです。

生命が誕生するには、有機物の溶媒となる液体が必要です。そういう観点からすると、「タイタンで生命が生まれるのは難しい」と多くの人は思うでしょう。しかし、「水ではなくメタンを溶媒にした生命」というシナリオが、一つの可能性として現在描かれています。それがどのような生命なのか、今から説明していきましょう。

生命の基本となるのは、「二枚のハムを挟んだサンドイッチ」のような構造の細胞膜モ

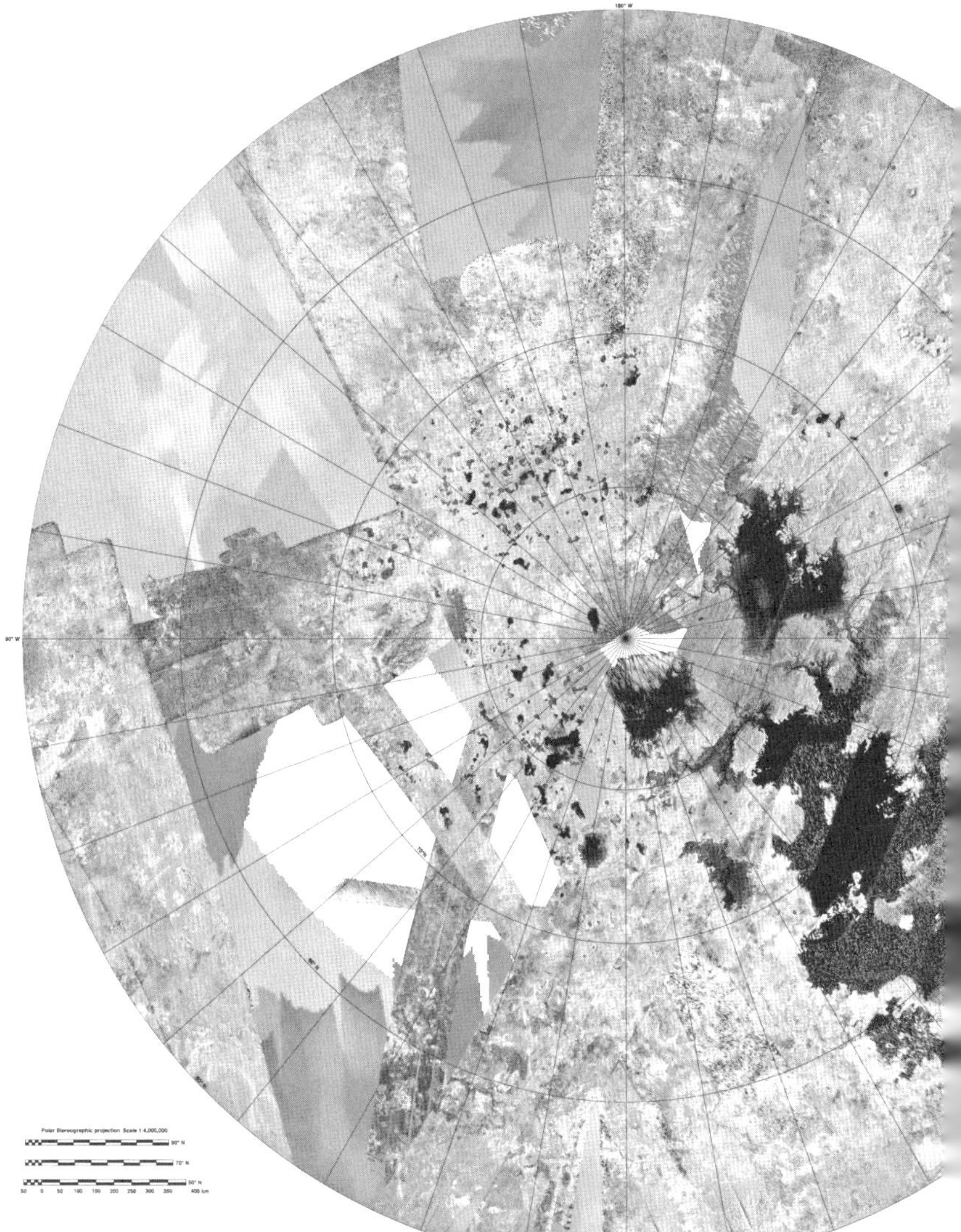

土星探査機カッシーニが撮影した、
メタンの湖(黒い部分)が多数存在するタイタンの北極付近。

デルです。水を溶媒とする場合、生物の細胞膜は表と裏が親水基になり、内側の疎水基を挟むような構造をしています。サンドイッチに例えると、細胞は疎水基に相当する二枚のハムを、親水基にあたるパンで挟むような構造をしているのです。これを「二重膜構造」と呼びます。サンドイッチなのに二重膜構造というのは少し変ですが、親水基のパンと疎水基のハムがセットで一枚の膜をつくって、それがもうワンセット反対の方向に接着し、二重膜になっているのです。このようにして細胞膜は、細胞内と外界の水を仕切る境界の役割を果たしています。

もしメタンの湖の中に生物が存在するとしたら、親水基と疎水基が逆になった「逆サンドイッチ型」の膜を持つ生物である可能性が高いでしょう。逆サンドイッチ型とは、地球生物の細胞膜とは反対に、疎水基（ハム）で親水基（パン）を挟んだ構造です。この場合、細胞膜の外側もメタンですが、細胞膜の内側にもメタンが閉じ込められることになります。このようにタイタンでは、大気中でつくられた高分子有機化合物メタン溶液を、「逆サンドイッチ型」の膜で包み込んだ細胞がメタンの湖に存在する可能性が、十分考えられます。

まだ具体的な探査計画にはなっていませんが、火星探査で検討しているように蛍光顕微鏡を搭載した着陸型の探査機を、タイタンにも投入したいと考えています。タイタンに生命が存在しているかどうかはまだわかりませんが、もし存在していた場合、蛍光色素で生物の有機物を染色して直接観察することに成功すれば、液体メタンの中での化学進化の過程を明らかにすることができるかもしれません。

生命存在の可能性がある、もう一つの衛星

ここまで、「エンセラダスとタイタンという二つの土星衛星に、生命が存在する可能性」について語ってきました。そして、太陽系の天体にはもう一つ、生命の存在が期待されている場所があります。それが木星の衛星エウロパです。エウロパはイオ、ガニメデ、カリストとともに、一六一〇年にガリレオ・ガリレイ（一五六四～一六四二年）によって発見されました。ガリレオは木星の周囲を公転する四つの衛星（ガリレオ衛星）を発見した以外にも、月面のクレーターや太陽の自転、金星の満ち欠けなど、いくつもの天体活動を望遠鏡によって観測したことで知られています。

木星は四つの大きな衛星の他に、数十個もの中～小規模の衛星を持つ惑星です。そしてエウロパは、現在見つかっている木星の衛星の中で、内側から六番目の軌道を周回しています。エウロパの直径はおよそ三一三八キロメートル――ガリレオ衛星の中では最も小さ

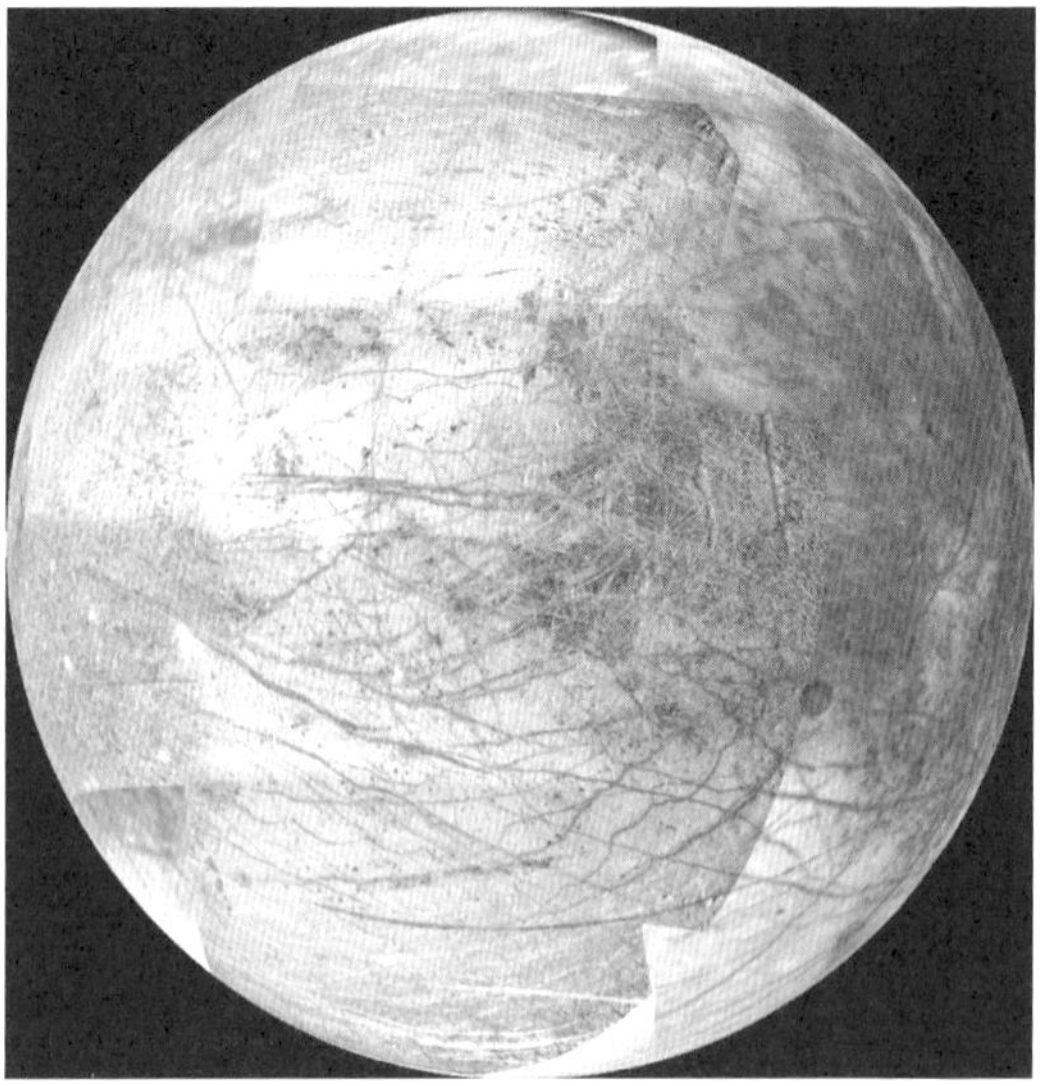

厚い氷に覆われた木星の衛星エウロパ。
表面に走る無数の亀裂が、
「内部海」がある証拠と考えられている。

い天体です。

木星や土星には、氷で覆われた衛星が数多く存在しています。エウロパもその一つですが、エウロパには他の氷衛星と大きく異なる特徴がありました。それは、表面がとても滑らかだということです。他の氷衛星の表面には、隕石や彗星などの衝突によってできた無数のクレーターが残っています。一方、エウロパの表面には、そのような地形がほとんど見られませんでした。これは、最近でも氷が新しくできていることを示しているのです。

さらに、エウロパの氷の下には「内部海」があるのではないかと考えられています。「木星から受ける巨大な潮汐力によって内部に摩擦熱が蓄積され、この熱が深部の氷を溶かすことで、海がつくられている」というのです。これらの観測結果から、「エウロパに生命が存在するのではないか」と期待されるようになりました。

そして、一九八九年に打ち上げられたＮＡＳＡの木星探査機ガリレオが、氷が一度割れて再び固まったような地形をエウロパの表面に発見しました。この地形は、氷の割れ目から水がしみ出し、その水で新たな氷がつくられた証（あかし）と考えられています。つまり、「内部海の存在」を強く想起させるものとして、たいへん注目を集めたのです。

さらに、ガリレオ探査機がエウロパ近くを通過するときに木星の磁場を観測したところ、エウロパへの最接近の前後で木星の磁場が乱れるという徴候が見られました。この木星の磁場が乱れる原因として、「エウロパ内部に存在する電気伝導体によって生じる電流が二次的な磁場を発生させ、木星磁場の乱れをつくり出している」ことが考えられます。このエウロパが磁場を発生させる原理について、説明しておきましょう。

エウロパの水や氷に含まれる主な成分は、硫酸マグネシウムであろうと推定されています。硫酸マグネシウムのような塩は、水の中では電離してイオン化します。そのイオン化した硫酸マグネシウムが液体の中で一定の方向に流れると電流が発生し、磁場がつくり出されるのです。これらのことを総合すると、やはりエウロパは氷の下に塩を含む液体の海が広がっているという結論が導き出せます。

このように、これまでの観測により、エウロパにも水とエネルギーが存在するらしいということがわかりました。これに有機物が発見されれば、生命が存在する可能性はさらに高まります。

まだ有機物の発見には至っていませんが、二〇一三年にエウロパの表面に「フィロケイ酸塩」という粘土のような鉱物が存在することが確認されました。この鉱物は隕石や彗星といった小天体の衝突によってもたらされたと考えられています。

そして、これまでの研究結果や調査報告などから、これらの小天体には有機物が存在することがわかっています。エウロパにフィロケイ酸塩をもたらした小天体が同時に有機物を運んでいたならば、その有機物をもとにして生命をつくることもできるはずです。そう考えると、エウロパの内部でも、生命が生まれる可能性は十分に期待できます。

ただエウロパの場合、厚い氷の下にある内部海からサンプルをとるのは非常に困難です。しかし、氷の割れ目には硫酸塩が凍りついています。これはおそらく内部海からしみ出してきたものです。内部海まで孔を開けるのはたいへんな作業ですが、凍りついている表面の氷を削り取って調べることならば簡単かもしれません。そして、この場合にも蛍光顕微鏡が役に立つでしょう。

第七章

地球外生命体に出会うことはできるか

太陽系の外に広がる宇宙

ここまで、地球の生物と地球外生命に関する研究を通じて、「生命とは何か」について考えてきました。「生命とは何か」を考えるのに、なぜ地球の生物だけではなく地球外生命について研究する必要があるのか——それは、すでに述べたように「地球上のすべての生物は共通した祖先から進化してきたので、われわれはたった一例の生命についてしか知ることができない」からです。

そこで本書では、ＩＳＳでの「たんぽぽ計画」から火星、エンセラダス、タイタン、エウロパまで、地球外生命が存在する可能性について、最新の研究成果をもとに説明してきました。しかし、宇宙は太陽系がすべてではありません。われわれの住む地球は太陽系内の惑星の一つですが、その太陽系は「天の川銀河」に属しています。そして、この天の川銀河だけでも、太陽のような恒星が二〇〇〇億個ほど存在しているのです。

さらに、現在観測できるだけでも、宇宙には天の川銀河のような銀河が一〇〇〇億個はあるといわれています。つまり、この宇宙には、数えきれないほどの恒星が存在しているのです。

ここで恒星と惑星について、おさらいしておきましょう。恒星は太陽と同じように宇宙を漂う塵やガスが集まることで誕生します。塵やガスが集まり濃度が高まってくると、中心部分に強い重力が働きます。そして、物質の量が十分な密度になると「原始星」が生まれ、やがて核融合反応を起こし恒星へと進化していくのです。また、恒星になりきれなかった塵やガスは、恒星の周りを回っているうちに、いくつかの惑星へと成長していきます。つまり、この現在の惑星形成理論に従えば、すべての恒星の周りには惑星が存在することになります。

惑星は、構成成分によって岩石惑星、ガス惑星、氷惑星の三つのタイプに大きく分けることができます。岩石惑星は、主に岩石や金属などから構成されている惑星で、太陽系では水星・金星・地球・火星の四惑星がこれにあたります。ガス惑星・氷惑星と比べて、質量が小さく密度が大きいのが特徴です。ガス惑星は水素やヘリウムなどのガスを主成分とした惑星で、太陽系の八惑星のうち木星と土星の二星がこれにあたります。成分だけを見ると恒星とよく似ていますが、内部で核融合を起こせるほどの質量はありません。そして氷惑星は、メタン、アンモニアを含む氷や液体の水を主体とした巨大な惑星で、太陽系では恒星から遠い場所に位置する天王星・海王星がこれにあたります。

生命が存在する可能性があるのは、太陽系だけとは限りません。確率的にいっても、太陽系外の場所に生命が存在しないと考えるほうが不自然です。そのような太陽以外の恒星の周りを回る惑星――いわゆる「系外惑星」に生命が存在するのではないかと考えられるようになり、現在研究が進められています。

この二〇年間で一八〇〇個以上の系外惑星を発見

この広い宇宙の中で、生命の存在が確認されているのは、現在のところ地球だけです。これは裏を返せば、「地球は生命が生存するのに最も適した環境である」ということです。これほど生命にとって住みやすい地球とまったく同じような環境の天体は、太陽系内には存在しません。しかし、「太陽系以外の恒星系であれば、もしかしたら地球と同じような環境の惑星が存在するかもしれない」――そのような考えから、太陽系外の惑星に地球外生命を探していこうという試みが、この数十年の間で盛んに行われるようになりました。

この系外惑星を探す試み自体は、一九三〇年代から行われていました。しかし、惑星は自ら光を発しない天体であり、しかも非常に遠くに位置するので、長く発見することはできずにいました。そのため、一九九〇年代の初め頃までは、この宇宙に惑星はほとんど存在せず、太陽系の惑星たちはとても希少なものなのではないかと思われていたのです。

そのような状況を一変させる報告が、一九九五年にありました。スイスの天文学者ミシェル・マイヨール（一九四二年〜）とディディエ・ケロス（一九六六年〜）が、ペガスス座五一番星に惑星があることを発見したのです。この二人が発見したのは木星の半分ほどの質量を持った巨大な系外惑星でした。ただし、この発見は「系外惑星の姿を直接とらえた」のではありません。実際に観測したわけではないのに、どうして系外惑星の存在がわかったのか――その方法について簡単に説明しておきましょう。

惑星が恒星の周りを回るとき、恒星は惑星の重力の影響によりわずかにふらつきます。このとき、地球側に向かってふらつくと、恒星の光の波長はわずかに紫色のほうにズレて、地球から遠ざかる方向にふらつくと、今度は光の波長がわずかに赤色のほうにズレるのです。この現象を「光のドップラー効果」といいます。マイヨールとケロスの二人は、ペガスス座五一番星の光に起こるわずかな変化を読み取り、巨大な惑星がペガスス座五一番星の周りを四日で一周していることを発見しました。

光の波長の話が出てきたので、ここで光について、もう少し詳しく話しておきましょう。

私たちは目に見える光だけを特別扱いしていますが、光は電波などと同じ「電磁波」の一種です。そして、私たち人間の目に光として感知される電磁波を、「可視光線」といいます。その可視光線の色は、波長の長さによって変化します。可視光線の波長は、三八〇～七八〇ナノメートル程度で、光の色はこの波長の長さによって紫から赤まで感じ方が変わってくるのです。

光は波長が長いほうから短いほうにかけて、「赤・橙・黄・緑・青・藍・紫」と変化していきます。そして観測者が止まっている状態で光源が動くと、光の波長も変化する――この現象が、光のドップラー効果です。光源が観測者に近づくときは波長が短くなって色が紫寄りになるのに対して、遠ざかるときは波長が長くなるので赤っぽく変化します。

この光のドップラー効果を利用して系外惑星を探す方法を、「ドップラーシフト法」といいます。ドップラーシフト法により、系外惑星の質量、公転周期、軌道の半径といった情報を得ることができるのです。ただし、ドップラーシフト法では、木星のような重い天体しか見つけることができません。実際、ペガスス座五一番星で発見された惑星は木星のようなガス惑星と見られており、地球外生命の存在はあまり期待できないものでした。

しかし、「系外惑星が実際に発見された」という報告は、とても衝撃を持って受け止められました。系外惑星を数多く見つけていけば、地球のような生命が生存する惑星を発見

電磁波の種類

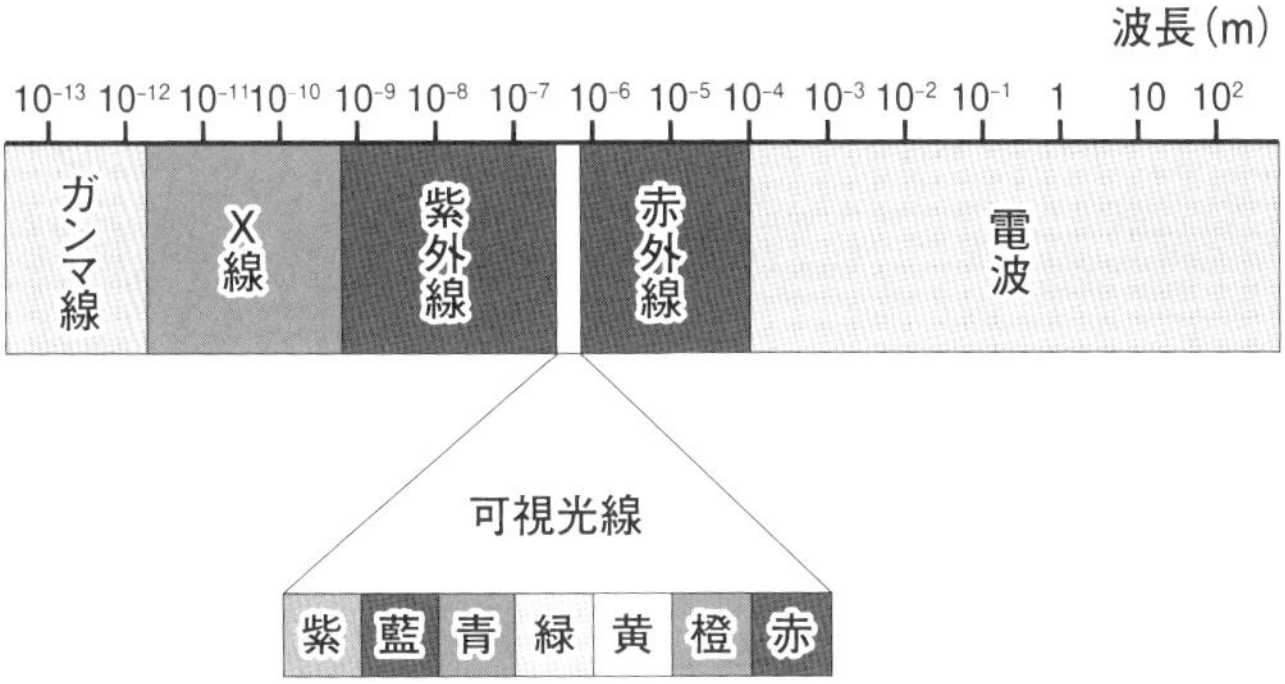

できるかもしれない――そのような期待が大きく膨らみ、系外惑星探査が盛り上がっていったのです。

系外惑星探査を加速的に推し進めていったのは、「コロー」と「ケプラー」という系外惑星探査に特化した宇宙望遠鏡です。特にケプラーは二〇〇九年五月から二〇一三年五月まで、はくちょう座近くの領域を観測し続けました。そして、その観測データを解析することで、なんと三六〇〇個以上の系外惑星候補を見つけたのです。その後、ケプラーなどの観測により、その存在が確認されている系外惑星は、二〇一四年一二月の時点で一八〇〇個を超えています。

惑星通過時の変化を観測するトランジット法

系外惑星の探査法も、この二〇年ほどの間でいくつも開発されました。ドップラーシフト法以外にどのような方法があるのか、代表的なものを紹介しておきましょう。

・トランジット法

まずはトランジット法です。このトランジット法を説明する前に、思い浮かべていただきたい天文現象があります。それは「日食」です。日食は太陽と地球の間に月が入り込むことによって、太陽が隠されて見える現象です。太陽の一部が隠される場合を「部分食」、太陽がすべて隠されるのは「皆既食」といいます。二〇一二年には、「金環食」が話題になりました。金環食とは、太陽の光が月の周りに環のように見える現象です。月の見かけの大きさが太陽よりも大きければ皆既日食、小さければ金環食となります。

実は主星と系外惑星の間でも、日食と同じような現象が起きるのです。地球から主星を観測するとき、主星の光がわずかに暗くなることがあります。これは、主星と地球の間を系外惑星が通ることによって起こる現象です。この減光現象を観測することで、系外惑星を見つける方法を、トランジット法といいます。たくさんの系外惑星候補を発見した宇宙望遠鏡ケプラーにも、このトランジット法が採用されました。

ただしトランジット法は、系外惑星の軌道が地球から見て主星を横切るものでなければ発見できません。だから、この方法によって見つけることができる惑星の割合は、あまり多くないのです。しかしトランジット法には系外惑星を発見する他にも、光度変化から惑星半径や公転周期などを推定できるという利点があります。

・重力マイクロレンズ法

次は重力マイクロレンズ法です。これは、アインシュタインの一般相対性理論から導かれる「重力レンズ効果」を利用した観測法です。

ニュートンは万有引力の法則を発見して、重力が遠く離れた天体にまで影響を及ぼすことを明らかにしました。しかしニュートンは、「なぜ重力が発生するのか」については解明できず、ずっと謎のままでした。その謎を解き明かしたのが、ドイツ生まれのアメリカの物理学者アルバート・アインシュタイン（一八七九〜一九五五年）です。

彼が発表した一般相対性理論によると、大きな質量を持つような重い物体があると、周りの空間がゆがめられます。そして、空間がゆがめられた結果、そこに重力が発生するというのです。これはいったい、どういうことでしょうか。三次元空間で考えると難しくなってしまうので、宇宙を「二次元のゴムシート」だと仮定して説明していきましょう。

まずピンと張ったゴムシートの端に、ボールが置いてあるとします。何もしなければボールの位置は変わりません。では、このゴムシートの真ん中に、重い鉄球を置いたらどうなるでしょう。鉄球の重さにより、ゴムシートはへこみますね。これが「重い物体によって空間がゆがんだ」というイメージです。

では、ゴムシートの端にあったボールは、どうなるでしょうか。ボールはゴムシートの真ん中に置かれた鉄球へ向かって転がり出します。まるでボールが見えないロープで引っ張られるかのように、どんどん鉄球に接近していくのです。宇宙空間でもこれと同じことが、実際に起きています。つまり、重力とは「質量を持った物体が、周りの空間をゆがめた結果生じる力」なのです。

アインシュタインが発表したこの理論は、一九一九年にイギリスの天文学者アーサー・エディントン（一八八二〜一九四四年）によって実証されました。アインシュタインの導き出した理論によると、星の光が太陽のすぐ近くを通るとき、その光は太陽の重力によっ

なぜ重力が発生するのか

図は3次元空間を2次元の平面と見なし、3次元的にゆがんでいるイメージ。

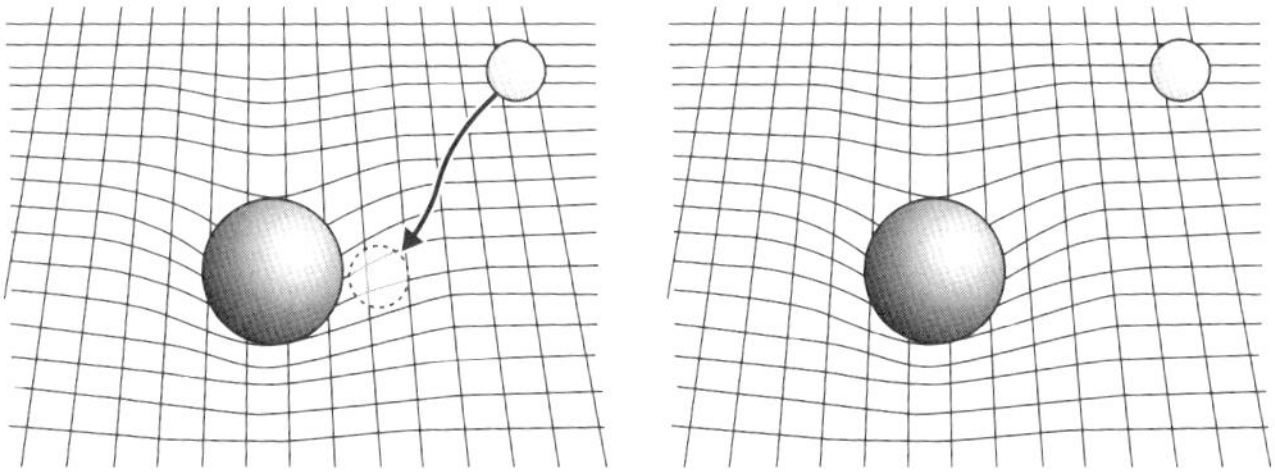

ボールを置いたゴムシートの上に
鉄球をのせると、
シートは重みによってへこむ。

ゴムシートのへこみにより、鉄球へ向かって
転がり出す力がボールに働く。
これが重力の正体である。

て曲げられ、本来の位置からズレて見えます。当時は、「光は直進する」のが常識でしたから、この主張はなかなか信じてもらえませんでした。しかし、エディントン率いる遠征隊が、日食のときにアフリカ西海岸のプリンシペ島で観測を行ったところ、光のズレがアインシュタインの導き出した数値と一致したのです。このエディントンの観測結果は、一般相対性理論に信頼性を与えるきっかけとなりました。

この「大きな質量により、周りの空間がゆがむ」現象は、天文学でもとても役に立っています。質量の大きな銀河があると、その周りの空間はゆがみます。そのゆがみがレンズのように光を集めることで、遠くにある天体をより明るく見ることができるのです。このような現象を、「重力レンズ効果」といいます。

そして、ある恒星の近くを別の恒星が横切るときも、この重力レンズと同じ効果が現れ、地球から見て遠くに位置する恒星の光が明るくなります。このとき、横切るほうの恒星が惑星を伴っていた場合、重力レンズ効果の起こり方が変わり、奥にある恒星の光が微妙に変化するのです。これを重力マイクロレンズ現象といい、数は多くありませんが系外惑星の発見にも役立っています。

この重力マイクロレンズ現象は、発生する確率がとても低いので、根気を必要とする観測法です。その確率は、「一〇〇万個の星を観測して、やっと一つの星で系外惑星を発見できるかどうか」と低いですが、すでに三〇個以上の惑星が発見されています。

望遠鏡で系外惑星の姿をとらえることも

ドップラーシフト法、トランジット法、重力マイクロレンズ法と、これまで紹介した三つの探査法は、系外惑星を直接とらえるものではなく、主星となる恒星の光の変化から惑星が存在するかどうか推定する間接的な方法でした。しかし、最近では直接的な観測方法からも、系外惑星が発見されています。

直接観測法で初めて系外惑星が観測されたのは二〇〇八年のことです。ハワイのマウナケア山頂に設置された「ジェミニ北望遠鏡」が、地球から約五〇〇光年離れたさそり座の方向にある恒星「1RXSJ160929.1-210524」に、惑星があることを発見しました。さらに、二〇〇九年には、同じくハワイのマウナケア山頂にある日本の「すばる望遠鏡」が、こと座の方向、五〇光年の距離にある恒星「グリーゼ758」の惑星を、直接観測することに成功しています。

直接観測・間接観測により、これまでたくさんの系外惑星が発見されてきました。これらの系外惑星は、「ホットジュピター」「ホットネプチューン」「スーパーアース」などと分類されています。ホットジュピターとは、主星の近くを回る木星サイズ以上の重い惑星です。そして、海王星程度の規模のものはホットネプチューン、地球の数倍程度のものはスーパーアースと呼ばれています。

太陽系の惑星は、太陽から遠ざかるにつれて、だんだんと大きくなっていくという傾向がありました。その傾向をもとにして「太陽系形成理論」がつくられたのですが、これまでに発見された系外惑星には、その理論と合致していないものがたくさんあります。系外惑星探査が進むにつれて、惑星形成の新しい理論がつくられる可能性が出てきているのです。

地球によく似た惑星ケプラー１８６ｆ

現在までに発見されている系外惑星は地球からとても遠いものばかりなので、それぞれの天体に生命が存在するかを直接確かめる方法はありません。そのような状況において、生命が生存する可能性の高い惑星を見分けるにはどうしたらいいのでしょうか。研究者たちは生命が存在する可能性のある候補惑星を、二つの条件を使って絞り込んでいます。

一つ目は「ハビタブルゾーンに入っているかどうか」です。生命が生息するためには、何より水が重要だということは、これまで何度も説明してきました。ハビタブルゾーンの範囲に位置する惑星なら、水が存在する可能性は高いはずです。

二つ目の条件は、「地球に似た大きさの惑星であること」です。惑星は大きさによって構成成分が変わります。大きな惑星だとガスを主成分とするガス惑星になってしまいますので、生命が生存することはできません。生命が生存できる可能性が高いのは、やはり地球と同じような大きさの岩石惑星です。

これまで地球に似た系外惑星が、いくつか発見されてきました。現在、最も地球によく似ているると注目を集めているのが、「ケプラー186f」です。これは宇宙望遠鏡ケプラーが発見した系外惑星の一つで、太陽よりも光の弱い赤色矮星の周りを回っています。主星との距離は太陽―地球間の〇・四倍ほどですが、赤色矮星の光が弱いのでハビタブルゾーンの範囲に入っているのです。しかも、惑星の直径が地球の一・一倍とほぼ同じサイズであることから、岩石惑星と考えられています。

ケプラー186fは今までに発見された他の系外惑星と比べて非常に小さく、しかもハビタブルゾーンの範囲にしっかりと入っているので、生命が存在する可能性が高いと考えられています。しかし、この惑星についてわかっていることは、現在の科学技術ではここまでです。ケプラー186fは地球から五〇〇光年ほど彼方に位置する惑星なので、現在の技術ではそこに生命がいるかどうかを確認することはできません。系外惑星に生命が存在することを証明するためには、大きさだけでなく対象となる惑星の大気などを詳しく分析する必要があるのです。

五〇年間続けられてきたSETI観測

系外惑星の探査では、地球外生命が存在する直接的な証拠をつかむことはなかなかできません。しかし、もし宇宙に人間と同じような高度な文明を築いた生物がいるとすれば、彼らは「電磁波」を利用している可能性が高いと考えられます。

電磁波とは、空間の中で電場と磁場が変化することで発生する波動のことです。先ほども説明しましたが、私たちが毎日利用している電波はもちろんのこと、可視光線や紫外線、赤外線なども電磁波の一種なのです。

現在、私たちは電波や光を使って放送・通信などを行っています。もし宇宙に高度な文明があるしたら、その文明圏から電波などの人工的な信号がやってくるかもしれません。

そこで、「電波望遠鏡を使って、宇宙からやってくる人工的な信号をとらえよう」というプロジェクトが行われるようになりました。この「地球外知的生命体による宇宙文明」を探す試みを、「ＳＥＴＩ（Search for Extra-Terrestrial Intelligence）」といいます。ＳＥＴＩの推進役として活躍したのが、アメリカの天文学者フランク・ドレイク（一九三〇年〜）です。

彼は一九六〇年に、当時まだ主流ではなかった電波望遠鏡を使い、世界で初めて知的生命体から送られてくる電波信号を捕まえようという試みに挑戦しました。このアメリカ国立電波天文台で行われた世界初の地球外生命探査を、「オズマ計画」といいます。オズマ計画では、直径二五メートルの電波望遠鏡を「くじら座τ星」と「エリダヌス座ε星」に向け、およそ二〇〇時間観測しましたが、芳しい成果を挙げることはできませんでした。しかし、ドレイクの挑戦によって、ＳＥＴＩの試みが世界中に広がっていき、ドレイクは「地球外知的生命体探査計画の父」と呼ばれるようになりました。

その後、別の研究者によって二度目の実験である「オズマⅡ」が、一九七三〜七六年にかけて行われました。オズマⅡでは六五〇個以上の星を観測したのですが、この実験でも文明を感じさせるような電波信号をとらえることはできませんでした。

一九九二年には、ＮＡＳＡが世界中の有力なアンテナを組織してマイクロ波探査を行う大がかりな計画を実施しました。ただ、この計画は予算の都合で、ＮＡＳＡの探査としては一年あまりで終了してしまいます。しかし、探査関係者が募った寄付により、「フェニックス計画」として続けられ、八〇〇個ほどの星の探査を行いました。

さらに、カリフォルニア大学バークレー校の電波天文学グループとアメリカのＳＥＴＩ研究所が、共同運用する「アレン電波望遠鏡（ＡＴＡ）」での観測を、二〇〇七年にスタートさせました。アレン電波望遠鏡は、天体観測と地球外知的生命体探査を行う電波干渉計です。

現在、ＡＴＡの性能をさらに上回る、直径一キロメートル相当の合計電波受信面積を持つ大型電波望遠鏡群「ＳＫＡ（Square Kilometer Array）」を建設する計画も進められています。ＳＫＡには地球外知的生命体探査のほか、銀河進化と宇宙の構造形成、ダークエネルギーなど、さまざまな謎の解明が期待されており、二〇二〇年代に二〇〇〇億円以上の資金を投入して建設される予定です。この大型電波望遠鏡群が完成すると、総合的探査能力が五〇年前のオズマ計画と比べて一〇の二〇乗倍――つまり一〇〇〇〇〇〇〇〇〇〇〇〇〇〇〇〇〇〇〇〇倍も上がると期待されています。

宇宙文明の数を見積もるドレイクの方程式

地球外知的生命体探査はとても夢のあるものですが、いくつかの問題を含んでいます。まず、宇宙に人間のような知能を持つ生物が、実際に誕生するのかということです。それに、もし文明を持つ知的生物がいたとしても、人間と同じように電磁波を利用しているとは限りません。仮に電磁波を使っていたとしても、その文明がどれだけの期間、電磁波を発信し続けるのかを考えることも必要です。

人類はこの五〇年間、知的生命体や宇宙文明を探査し続けていますが、そのような兆候を示す信号をキャッチできたことは一度もありません。ひょっとして、この宇宙には高度な文明を持つ知的生命体など存在しないのでしょうか。

$$N=R_{*}\times f_{p}\times n_{e}\times f_{l}\times f_{i}\times f_{c}\times L$$

N：銀河系で地球と交信可能な文明の数
R_{*}：銀河系内で恒星が1年間に誕生する数
f_{p}：その恒星が惑星を持つ割合
n_{e}：恒星系の中で、惑星がハビタブルゾーンに入る割合
f_{l}：それらの惑星で実際に生命が誕生する割合
f_{i}：誕生した生命が知的生命体へと進化する割合
f_{c}：その知的生命体が電波信号を発信できるようになる割合
L：その文明が継続する時間

実は、「銀河系の中に、電波技術を確立した知的文明がどのくらいあるのか」を検討する計算式があります。その計算式を考案したのは、オズマ計画を推進したドレイクです。

その「ドレイクの方程式」は、上の図のようなものです。ドレイクの方程式は至って単純な数式ですが、それぞれの変数にどのような数値を入れるかによって結果が大きく変わってきます。ドレイクが一九六一年にこの方程式を紹介したときは、N＝10、つまり、銀河系全体で電波を使って通信をすることのできる文明の数は一〇個という結論が導き出されました。直径一〇万光年ほどの銀河系で一〇個の文明しか存在しないという結論は、宇宙からの電波をキャッチするのはほぼ不可能といえるかもしれません。

このドレイクの方程式は、さまざまな批判が可能です。そもそもこの方程式は、生命誕生の確率や知的生命体に至

る確率など、どう考えてよいかわからないような項を含んでいます。だから、「そんな計算をしたところでどんな意味があるのか」という批判も、わからなくはありません。しかし、ドレイクの方程式の意義は、正確な答えを得ることではありません。われわれが何を研究して、何を知る必要があるのかという「研究の指針」を与えているところにあるのです。重要な問題ほど研究が難しく、どのように研究してよいかわからないということもしばしば起こります。そういった問題を整理して答えに至る道筋を示していることが、この式の意義といえるでしょう。

宇宙で生命はどのように進化するのか

ここまで地球外生命について、あらゆる角度から語ってきました。この宇宙には膨大な数の恒星が存在し、系外惑星もたくさん発見されています。そして、その系外惑星の中には、地球によく似たものも存在しているのです。

「宇宙に生命は存在するか」という問いには、ほぼすべての研究者が「はい」と答えます。でも、そこから先の「知的生命体になるか」については、見解が分かれるところです。生物学者の中には、知的生命体にまで進化するのは難しいと見る人が多いのですが、私は

「地球以外でも、人類と同じような知的生命体が生まれるのではないか」と考えています。では、「地球外知的生命体は、どのような進化をするか」についての私の推測を、以下に述べてみましょう。

まず、ハビタブルゾーン内の地球型系外惑星には、液体の水が存在するはずです。惑星の大きさや主星からやってくるエネルギー量も地球とほぼ同じはずなので、粘度なども地球の水に近いことが予想されます。すると、生物が誕生するとしたら、流体の抵抗を下げるために流線型――いわゆる魚のような生物になるはずです。ヒレなどはどのような形のものがつくられるのかはよくわかりませんが、何かしらのヒレを体の左右対称に獲得すれば、それを用いて陸に上がる方向へと進化していくはずです。

生物が陸に上がったときに必要となるのが足です。足が一本だけというのは移動が楽ではありませんから、生物は複数の足を持つようになります。足の数は何本でもいいと思いますが、少ないほうがエネルギー効率的には都合がいいでしょう。

そして、高等動物になるためには手が必要です。例えば、人間が高度に進化した理由の一つに、「手の使用」が挙げられます。手があることによってものをつくることができるし、ものを投げることで、物理法則を理解するための知能が発達してくるからです。

ですから、高等動物になるためには、最低でも二本の手が必要です。となると、足の数は、少ないほうが効率的なので二本もあればいい——ただ、人間のように足が二本ですと安定性に欠ける部分がありますので、足は四本あっても不思議ではありません。そうなると、地球外知的生命体はケンタウロスのような形をしているのかもしれません。手が四本あってもいいのですが、手の場合は四本にする合理的な理由が見つかりません。ですから、効率を考えると手は二本となると思います。

このように考えていくと、「地球外知的生命体は、大きさや外見なども含めて人間に近いものになってくる」のです。違いが出てくるとしても、足の数くらいではないでしょうか。そして、知的生命体であればコミュニケーションをするはずなので、「音・光・電磁波」を利用していると考えられます。

生命は何のために生まれたのか

私たちは「生命はなぜ誕生したのか」について研究していますが、この「なぜ」には二つの意味が込められています。一つは、「どのように」という意味です。「非生物である無機物から、どのような過程を経て生命になったのか」、そして「その生命が人類にまでつながる道筋」を明らかにしたい――そのような意思を含んでいます。

そして、もう一つの込められた意味は「生命が誕生した理由」です。この広い宇宙の中で、生命は何のために生まれたのでしょうか。それには何かしらの理由があると思いたい――宇宙生物学は、その答えを突きつめていくための学問でもあるのです。

地球生物はおよそ三八億年の進化の果てに、人類までたどり着きました。そして、私たち人類は地球の隅々まで広がり、今や宇宙にも進出しています。それを支えているのが、文明と科学技術です。私たちは地球上で起こるさまざまな自然現象から、たくさんの法則を学び、データを取り、十分な計算能力を持って、未来を予測する力を得てきました。しかし、どれほど文明や科学技術が発展しようとも、まだ予測できないことがいくつもあります。その一つが「生命の未来」です。

私たちが生命を研究するのは、「生命はどのように誕生してきたのか」を知るためですが、理由はそれだけではありません。「生命の過去」について考察するだけではなく、得た知識を利用して「生命の未来」を予測するためでもあるのです。ただし、ただ一つの共通祖先から進化してきた私たちは、たった一例の生命についてしか知りません。いったい生命はどこへ向かおうとしているのか――その答えを見つけるために、私たちは地球外で暮らす生命の探究を目指しています。こうした研究の先に、生命に関する数々の疑問と未来を解き明かす鍵があるはずです。

あとがき

この本は、二〇一三年から二〇一五年にかけて、朝日カルチャーセンターで行った何回かの講演の内容をもとに書き起こしたものです。私のシリーズを担当した朝日カルチャーセンターの神宮司英子さんから、講演で話してほしい事柄の要望をいくつももらいました。講演ではその要望に答えるべく、ない知恵をしぼることになりました。この本には、神宮司さんの要望がたくさん入っています。

単行本化するにあたっては、荒船良孝さんに全面的にお世話になりました。荒船さんには、当初の講演にはなかった内容の調査もお願いしました。荒船さんのおかげで、この本は朝日カルチャーセンターの講演に比べて格段と情報のつまった内容となりました。

また、編集を担当した集英社インターナショナルの本川浩史さんには、内容の不正確な点、わかりにくい点を丁寧に見ていただきました。おかげで、記載の正確さが格段に上がりました。

この本は、これらお三方の全面的なご協力があって初めて世に出ることができたものと感謝しております。ただし、まだ何か不正確なところが残っていれば、それはすべて著者の浅学の故であり、お許しいただければ幸いです。

この本で取り扱った、「アストロバイオロジー」という分野は誰もが興味を持つ分野だと思いますが、まだわからないことだらけの生まれたての学問分野です。こういった分野の特徴として、まだしっかりとした結論の出ていない推論や仮説段階の事柄がたくさんあります。こうした不確かな事柄を説明する場合には、よくわかっている事柄と区別する必要があります。その努力をかなりしたつもりですが、もしまだ誤解を生むような記述があれば、そのご批判を甘んじて受け入れるしかありません。

この本をご覧になって、いくらかでもこの分野に興味を持っていただける読者があれば、それは望外の喜びです。アストロバイオロジーの関連の著作が相次いで出版されています。それらの本は、扱っている分野、対象とする読者が少しずつ異なっています。ぜひ、また少し違った観点の本をご覧になり、この分野への理解をさらに深めてください。

山岸明彦

写真クレジット
© NASA [p9]
© Science Photo Library/ amanaimages [p15]
著者提供[p16]
© 宇宙航空研究開発機構(JAXA)[p21]
© NASA[p23]
© 宇宙航空研究開発機構(JAXA)[p27]
© Science Photo Library/ amanaimages [p35]
© Science Photo Library /amanaimages [p41]
© NASA [p43]
© NASA [p44]
© NASA [p45]
© NASA/ JPL [p47]
© NASA/ JPL/ UA/ Lockheed Martin [p49]
© ESA-C. Carreau/ ATG medialab [p59]
© Science Photo Library/ amanaimages [p63]
© Dalia Kvedaraite/ 500px Prime / amanaimages[p63]
© Yukihiro Fukuda/ a.collectionRF / amanaimages [p63]
© Science Photo Library/amanaimages [p67]
© Science Photo Library/amanaimages [p79]
© Science Photo Library/amanaimages [p83]
© Bettmann/ CORBIS / amanaimages [p99]
© Science Photo Library/amanaimages [p103]
© Stocktrek Images/ amanaimages [p127]
© NASA/ JPL-Caltech/ Space Science Institute [p131]
© NASA /JPL/ Space Science Institute [p133]
© NASA / JPL-Caltech/ ASI / USGS [p141]
© NASA/ JPL/ University of Arizona [p144]

山岸明彦　やまぎし　あきひこ

一九五三年、福井県生まれ。
一九七五年、東京大学教養学部基礎科学科卒業。
一九八一年、東京大学大学院理学系研究科博士課程修了。
カリフォルニア大学バークレー校、
カーネギー研究所植物生理学部門の博士研究員を経て、
現在、東京薬科大学生命科学部応用生命科学科教授。
主な研究テーマは、「生命の初期進化とタンパク質工学」。
編著に『アストロバイオロジー』(化学同人)がある。

知のトレッキング叢書

生命（せいめい）はいつ、どこで、どのように生（う）まれたのか

二〇一五年九月三〇日　第一刷発行

著　者　山岸明彦（やまぎしあきひこ）
発行者　館　孝太郎
発行所　株式会社集英社インターナショナル
〒一〇一-〇〇六四　東京都千代田区猿楽町一-五-一八
電話　〇三-五二一一-二六三〇
発売所　株式会社集英社
〒一〇一-八〇五〇　東京都千代田区一ツ橋二-五-一〇
電話　読者係　〇三-三二三〇-六〇八〇
販売部　〇三-三二三〇-六三九三（書店専用）
印刷所　大日本印刷株式会社
製本所　株式会社ブックアート

定価はカバーに表示してあります。

ISBN978-4-7976-7299-2 C0040